计算思维

智能体验设计新时代

胡晓 ◎ 主编

清华大学出版社
北京

内 容 简 介

本书是国际体验设计大会的演讲案例的论文集，汇聚了当下具有影响力的数位国内外知名企业的设计领袖、商业领袖、专家、研究员的大量实践案例与前沿学术观点，分享并解决了新兴领域所面临的新问题，为企业人员提供丰富的设计手段、方法与策略，以便他们学习全新的思维方式和工作方式，掌握不断外延的新兴领域的技术、方法与策略。

本书适合用户体验、交互设计、服务设计的从业者阅读，也适合管理者、创业者及即将投身于设计领域的爱好者、相关专业的学生阅读。

本书封面贴有清华大学出版社防伪标签，无标签者不得销售。

版权所有，侵权必究。举报：010-62782989，beiqinquan@tup.tsinghua.edu.cn。

图书在版编目 (CIP) 数据

计算思维：智能体验设计新时代 / 胡晓主编．
北京：清华大学出版社, 2025. 5. -- ISBN 978-7-302-69002-3

Ⅰ. TP11

中国国家版本馆 CIP 数据核字第 2025ZX4887 号

责任编辑：杜　杨
封面设计：郭　鹏
版式设计：方加青
责任校对：胡伟民
责任印制：丛怀宇

出版发行：清华大学出版社
网　　址：https://www.tup.com.cn, https://www.wqxuetang.com
地　　址：北京清华大学学研大厦 A 座　　邮　编：100084
社 总 机：010-83470000　　邮　购：010-62786544
投稿与读者服务：010-62776969, c-service@tup.tsinghua.edu.cn
质 量 反 馈：010-62772015, zhiliang@tup.tsinghua.edu.cn
印 装 者：涿州汇美亿浓印刷有限公司
经　销：全国新华书店
开　本：188mm×260mm　　印　张：9.75　　字　数：245 千字
版　次：2025 年 6 月第 1 版　　印　次：2025 年 6 月第 1 次印刷
定　价：129.00 元

产品编号：110547-01

编委会

主　　编：胡　晓

副 主 编：张运彬

执行主编：苏　菁

指导专家：童慧明　辛向阳　柳冠中　汤重熹
　　　　　张凌浩　付志勇　胡　飞　李　勇
　　　　　张晓刚　周红石　杨向东

推荐序

在人类文明发展的历史长河中，工业革命带来的最大变革，是确立了"设计先行与全流程干预"的理念，它不仅彻底改变了人类的生产方式，更重塑了我们的思维模式和价值观念。在AI技术快速发展的今天，设计已经不再仅仅是形式与功能的简单组合，而是涉及技术、伦理、社会、文化等多维度的复杂系统。

视野与视力、智慧与智商、文化与文凭、声誉与声音、价值与价格——这些概念的区分实际上揭示了设计的深层本质。可量化的"事实"是AI擅长的领域，而不可量化的"真相"才是人类智慧的价值所在。这种认识对于当前的设计实践具有重要的指导意义。当AI可以生成无数设计方案时，设计师的价值恰恰体现在对设计本质的把握和对人文价值的坚守上。

从"中国速度"到"中国质量"，设计不仅是技术创新的催化剂，设计正在重塑国家品牌与文化话语权。当中国以"设计创新+科技创新+产业创新"推进工业化，以"工业设计+人工智能"引爆新质生产力，必是设计、科技与产业协同进化的"分享型服务经济"的形态。在这场文明跃迁中，这一模式标志着人类正在尝试进入智能创造的新纪元。中国真正的崛起，是以开放性、包容性的姿态，为世界的文明开辟新的可能性。

在人类文明的长河中，每一次跃迁，从不是工具的胜利，而是智慧的苏醒，真正的智能，不是静止不动的结构，而是不断成长的生命体。

AI或许能模仿我们的语言，复制我们的风格，但无法复制我们内心的那份对生活的热爱，对梦想的追求；我们的思考是灵魂的独白，我们的写作是心灵的歌唱。在这个AI与人类共存的时代，我们更应该珍惜自己的思考和设计。"设计"是我们存在的证明，是我们与这个世界对话的桥梁，用思考去探索未知，用心灵去感受世界，用设计去憧憬未来。

这本书的出版，标志着中国设计学者们对AI时代设计理论和实践的系统性思考。它不仅汇集了设计领袖、商业领袖、专家、研究员在艺术设计领域的实践经验，还融合了一些国际学者们在AI技术方面的探索。这种跨学科、跨领域的合作模式，本身就是对"服务设计"理念的最好诠释。

我们构建的不只是功能系统，而是有理解力的系统；

我们设计的不只是服务空间，而是能洞悉需求的空间；

我们塑造的不只是效率，更是记住过去、行动于现在、预判未来的智慧。

柳冠中

清华大学首批文科资深教授

2025年5月

推荐语

从人类发展的视角来看，设计是永恒的。古往今来，设计的成就总是在见证着不同时代人们的思想成就、科技成就和文化成就。《计算思维》折射了近几年中国设计在一个独特领域中的多维度实践，凝聚起广大设计学人的理论探索。让我们以书共勉！

——蒋红斌

清华大学美术学院教授

在人类社会快速进入数字时代的同时，设计的概念、范式与挑战也在快速地变化着，面对新用户、新需求，新体验，如何更好地应用新技术、新工具，创造新设计，实现新价值，成为行业的新命题。

国际体验设计大会在胡晓会长和他的伙伴们多年来的努力之下，正成为设计行业以数字和体验为视点，吸引各方观点精彩碰撞、共同推动设计理论与实践不断进步的一个特别的平台。我本人作为汽车设计产业领域的代表也有幸参与过其中的几次交流，受益匪浅。

现在胡会长将大会中部分精彩演讲案例集结成书，可以让读者静下心来仔细咀嚼，希望各位同仁也能品出更多数字时代设计发展的味道来。

——张帆

广汽集团造型设计院负责人

设计已不再仅仅是对产品的功能定义和视觉审美，已成为技术、智能、伦理与人文的融合体，成为一种新型的生产力。本书以国际体验设计大会为平台，以"计算思维"为主题，集结了全球二十多位先锋学者与实战专家的深度洞察，从数字化、网络化、智能化、高端化、绿色化五大维度，诠释了现代体验设计全过程。本书内容丰富，观点独特，推荐大家一读。

——任和

中国商用飞机有限责任公司特聘海外技术专家
俄罗斯工程院外籍院士
澳大利亚皇家墨尔本理工大学荣誉教授
中国工业设计协会特邀副会长
上海通用航空协会专家委员会主任

在智能技术与设计深度融合的当下，行业亟需理论与实践并重的思想指引。国际体验设计大会编纂的《计算思维：智能体验设计新时代》恰逢其时，以全球视野与多元实践为锚点，为设计领域注入了一股革新力量。书中关于"意图交互""数实融合""情绪价值"等创新理念，不仅为设计实践提供了一套可操作的方法论，更启发我们重新审视人、技术与自然的共生关系。

对于高校教育者而言，本书是连接前沿技术与设计教育的桥梁。它打破了传统学科壁垒，展现了计算思维如何赋能创意表达，为培养复合型设计人才提供了鲜活教材；对于从业者，书中详实的案例解析与策略工具则为应对复杂挑战指明了路径。尤为可贵的是，书中始终贯穿着"设计向善"的价值观，强调技术狂飙中的人文关怀，这正是未来设计创新不可或缺的底色。

相信这部著作将成为设计领域的里程碑，既为学界拓宽研究的疆域，亦为行业点燃实践的星火。愿每一位读者都能从中汲取智慧，共同绘制智能时代技术与人性和谐共生的未来图景。

——王少斌
广东财经大学艺术与设计学院院长

从人类设计发展历史来看，设计的演变就是与时俱进的过程。当下的数字化设计与人工智能技术风暴，势必会给设计领域带来重大影响。设计方案的快速生成、逆向设计源文件提供、数字化的个性化定制、设计岗位的相互融合、新的人机多感知交互形式等，都成为当下的重要研究课题。本书展示了学者和研究人员的最新研究成果，给设计教育及设计从业者提供了重要的借鉴和方向性的指引，具有十分重要的参考价值。

——余隋怀
西北工业大学教授
中国工业设计协会副会长

作为一名体验设计与人工智能交互创新的深度实践者，《计算思维》一书令我深感共鸣。本书以扎实的行业观察为基底，梳理了人工智能技术对设计思维的深刻影响，既有国际视野下的理论思辨，也有医疗、零售、软件系统等多个领域的鲜活案例。书中对用户界面配置、多模态交互、产品情绪价值等话题的探讨，为行业提供了兼具战略高度与实践深度的参考指南。

特别感谢IXDC以开放姿态搭建体验设计创新平台，将学术洞见与产业实践凝练成册。推荐所有关注智能时代设计变革的同行、管理者及相关专业的学生阅读此书。

——杨润
联想集团首席设计师

在波澜壮阔的信息化时代，AI设计的浪潮正以不可阻挡之势重塑人类文明。本书立足未来视野，揭示AI技术如何横跨所有领域，深度融合人类千年智慧积累与全球信息共享的成果，催生设计变革——从生产方式到生活形态，从个体创造到社会运行，一切将被重新定义。

书中深刻阐释：当算法突破经验与能力的传统边界，当设计迈向精准量化、永续迭代的新维度，人类必须学会与AI协同进化。作者们以清晰逻辑与前瞻洞察，指引读者摆脱固有思维桎梏，掌握驾驭AI设计的核心方法论——既要敬畏技术对文明的重构力，更需主动贡献智慧以引导其良性发展。

这是一部为所有领域从业者撰写的生存指南。无论你是设计师、工程师还是决策者，本书都将助你在智能化浪潮中锚定方向，以计算思维为工具，共同开拓人类可持续发展的崭新篇章。

——黄俊辉

原中国中车股份有限公司副总工程师

在数字化与智能化浪潮下，设计已从"功能实现"跃升为"体验赋能"，当前企业亟需超越传统设计思维，以计算思维重构用户场景与技术逻辑。《计算思维：智能体验设计新时代》一书集结了全球顶尖企业领袖的实战智慧以及国内外优秀学者的理论创见，深入剖析了智能时代的趋势和挑战，并提供了可落地的策略与方法，为产业实践与理论研究搭建了沟通桥梁。通过丰富的设计实践案例，本书阐述了数据驱动、AI融合、体验闭环等前沿方法与理念，无论是设计师、管理者，还是创业者，都能从书中获得应对智能体验时代的理论框架与实践工具。

——李勇

广州美术学院副院长

在AI技术发展的风口浪尖，设计已不仅仅是解决问题的工具，而是创造数字文明的新途径。当虚拟与现实的界限日渐模糊，设计师需要以人文精神为锚点，在比特洪流中守护人性温度，在算法迷宫中点亮生活之光。

在信息爆炸的数字丛林中，计算思维的进化是重构人类数字化生存的底层逻辑。当每个像素都承载着海量信息，每个交互触点都关联着复杂的数据流动时，设计正在重塑数字文明的基因序列。优秀的设计是数字世界的润滑剂，是智能体验设计的核心。本书以丰富的设计案例和生动的叙述，表达了由设计带来的效率革命正在重构整个社会的运行节奏，展示了通过设计将黑箱算法转化为可理解的设计体验，将冰冷技术转化为温暖的情感纽带，乃至通过设计实践建构道德坐标系的过程。这或许就是数字时代设计的终极价值：在技术狂奔的时代，为人类保留诗意栖居的可能能。

——沈榆

华东师范大学设计学院中国近现代设计文献研究中心主任、研究员

中国工业设计博物馆创始人

《计算思维》是一本前沿的论文集，它不仅捕捉了技术变革的脉搏，更深刻诠释了设计如何成为连接科技与人文的桥梁。在智能出行与未来交通的探索中，小鹏汽车始终秉持"突破边界，探索未来出行"的理念，而这本书恰恰为我们提供了宝贵的思维工具——它从数字化、网络化到智能化，层层递进，揭示了设计如何通过计算思维实现从功能到情感的跃迁。

　　书中关于"人机共生"的论述令我深有共鸣。无论是飞行汽车还是智能座舱，我们追求的从来不是冰冷的机械效率，而是技术与人性的和谐统一。正如荣耀MagicOS的"意图交互"案例所示，未来的设计应是"主动服务"而非被动响应，这与小鹏汽车"做更懂用户的智能汽车"的愿景不谋而合。AI时代的设计师必须既是技术翻译官，又是情感联结者——本书的实战案例与方法论，如银泰百货的"数实融合"和微软Copilot的"北极星设计"，为这一角色提供了清晰的路径。

　　我尤为欣赏书中对"绿色化"与"社会责任"的强调。小鹏汇天在低空出行领域的探索，始终将可持续发展作为核心命题。设计不仅是创造美的形态，更是对地球未来的责任担当。

　　若你正寻找一本既能启发思维又能指导实践的书，《计算思维》无疑是首选。本书探讨了用户洞察、技术落地、商业价值、社会意义。无论是设计师、创业者，还是科技从业者，都能从中获得突破性的灵感。未来的设计，属于那些敢于打破范式、用计算思维重构世界的人。而这本文集，正是这场变革的最佳指南。

——王谭

小鹏汇天联合创始人、副总裁、总设计师

小鹏汽车造型设计中心总经理

　　本书的跨学科特质明显，它打破"技术"与"设计"的学科壁垒，通过计算思维串联数据科学、心理等多领域知识，诠释了"新工科"教育的核心精神。无论是汽车零售生态的协同设计，还是产品情绪价值的量化模型，均展现出系统性思维的张力。该书为高校创新创业学院、交叉学科产学研提供了一种参考，推动学生在"设计+X"的融合实践中，拓宽解决复杂社会问题的实践视野，提升破界创新的能力。

——陆邵明

上海交通大学设计学院博士生导师

前言

当下，人类文明正经历一场由技术深度渗透引发的范式变革。数字化浪潮重塑产业根基，网络化连接重构社会协作，智能化工具颠覆创造逻辑，高端化追求定义品质标杆，绿色化理念引领可持续未来。在这一历史性交汇点上，设计已超越单一功能或美学范畴，成为融合技术、伦理与人文的核心力量。本书以"计算思维"为主题，集结全球二十多位先锋学者与实战专家的深度洞察，从数字化、网络化、智能化、高端化、绿色化五大维度，绘制智能时代的体验设计全景图。

数字化：重构价值的底层逻辑

数据成为新时代的"生产要素"，驱动设计从经验导向转向精准决策。医疗场景的体验革新、电商业务的增长模型、全球化产品的体验根基，无不彰显数字化对产业逻辑的重构。通过将用户行为、文化需求与商业目标转化为可量化、可迭代的系统，设计正打破虚实界限，为高效化与人性化搭建动态平衡的桥梁。

网络化：构建协同共生的生态网络

万物互联的时代，竞争力源于资源的深度整合与生态的高效协同。汽车零售的转型实践、数实融合的零售图景、B端生产力的重塑案例，均揭示了设计使命的转变——从单点突破转向全局优化。唯有以开放思维打通产业链、技术链与用户链，构建包容的协作网络，才能实现从效率提升到价值共生的质变。

智能化：人机协同的创造力跃迁

当生成式AI重构创作逻辑、多模态模型革新设计工艺、智能座舱重新定义交互范式，技术的工具属性正逐渐升维为创意伙伴。通过"计算思维"平衡算法效率与情感共鸣，设计将冰冷的代码转化为有温度的体验，推动人机关系从"控制"走向"共生"，开启无限可能的创造力革命。

高端化：定义品质与体验的终极标杆

高端化并非技术的简单叠加，而是以极致体验与审美共鸣为核心的价值升维。从智能操作系统的智慧交互到科技与艺术的掌间融合，从产品情绪价值的深度挖掘到感知体系的科学构建，设计通过技术精研与美学沉淀，在稀缺性与普适性之间寻找平衡，重新定义品质时代的用户体验标杆。

绿色化：可持续未来的责任图景

在技术狂飙的浪潮中，绿色化是设计不可推卸的伦理使命。资源优化的系统设计、用户体验的长效价值、全球化生态的包容性探索，均指向一个核心命题——真正的进步必须以人类与地球的共生为终点。通过全生命周期视角的介入，设计正成为低碳时代责任与效率的双重引擎。

本文集贯穿"理念与趋势""成长与管理""方法与实践"三大章，囊括对AI历史的哲学思辨、对设计教育的未来构想、对生成式AI的实战反思等。每一篇文章均为从业者提供了一把钥匙，用以解锁智能时代的复杂命题。

我们诚挚感谢所有贡献智慧的作者，他们分别是：Karel Vredenburg、Barry Katz、王路平、朱宁、Peter Russell、Kun-Pyo Lee、王婉、刘妍、李田原、葛峰、佟瑛、董腾飞、刘彦良、程俊楠、冯婷、张昊然、郝毅伟、景纯灵、赵东恩、黄婷、王涛、吴霄、孙威、黄蓉，以及默默耕耘的编审团队，包括张运彬、苏菁等。愿这本文集成为一座灯塔，指引设计者在数字化中锚定方向，在网络化中凝聚共识，在智能化中激发灵感，在高端化中追求卓越，在绿色化中践行责任，共同绘制一幅技术与人性和谐共生的未来图景。

胡晓

2025年4月

目录

第1章
理念与趋势

01 人工智能与人类共生：设计和计算思维的方法 | Karel Vredenburg　　002

02 人工智能的历史视角 | Barry Katz　　006

03 AI 是一道光，我们选择看见 | 王路平　　009

04 AI时代的用户界面设计 | 朱宁　　015

第2章
成长与管理

05 智能时代的设计教育：新角色与新模式 | Peter Russell　　018

06 面向未来的设计教育 | Kun-Pyo Lee　　021

07 未来已来——智能浪潮下设计的自我迭代 | 王婉　　024

08 AI时代产品设计师面临的机遇与挑战 | 刘妍　　027

第3章
方法与实践

09 共鸣设计——科学与审美的交汇，以小米SU7设计为例 | 李田原　　036

10 为智慧而生的荣耀MagicOS设计 | 葛峰　　041

11 数字化医疗场景下的体验创新 | 佟瑛　　046

12 多模态模型设计工艺实用化的AIGC规模实践与启示 | 董腾飞　　050

13 生成式AI在生产力工具的应用和设计思考 | 刘彦良　　056

14 AI时代的产品与设计 | 程俊楠　　058

15 科技与艺术融合，重新定义掌间体验 | 冯婷　060

16 Motiff妙多大模型：AI时代设计工具的底座 | 张昊然　069

17 量身定制产品可用性评估方案 | 郝毅伟　071

18 汽车零售门店创新设计与转型 | 景纯灵　080

19 AIGC浪潮下的B端创意生产力重塑 | 赵东恩　088

20 AI计算思维下的设计新质生产力 | 黄婷　094

21 让设计变得可预测——搭建一套普适性的感知体系 | 王涛　107

22 激发用户情感共鸣，打造产品情绪价值 | 吴霄　121

23 全球化产品体验：增长为动力，体验为根基 | 孙威　129

24 构筑AI赋能的数实融合体验设计，塑造未来零售 | 黄蓉　134

第1章
理念与趋势

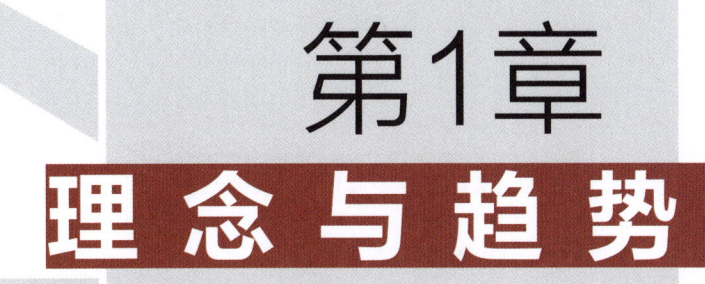

① 人工智能与人类共生：
设计和计算思维的方法

◎ Karel Vredenburg

在历史悠久的长河中，设计与机器演进的轨迹鲜明地勾勒出三大标志性时代的壮丽变迁。首先映入眼帘的是工业革命曙光初现之前的手工艺时代，那时，匠人们凭借超凡入圣的技艺雕琢着世界，每一份作品都深深镌刻着匠心的炽热与温情。紧接着，工业革命如狂风暴雨般席卷全球，为机械化生产翻开了崭新的一页，生产效率的空前飞跃彻底重塑了生产模式与经济版图。随后，随着数字化浪潮的蓬勃兴起与计算机技术的日新月异，我们欣然迈入自动化时代，设计与计算思维的深度融合，让创新如同插上了翅膀，以前所未有的高效与精准翱翔于天际。

1. 计算机技术的三个发展阶段

时代一：大型主机时代

始于 20 世纪 50 年代，由 IBM 引入的穿孔卡时代标志着计算机技术的初步发展。在这一时期，用户通过打孔机输入指令，而这些指令被精确地记录在打孔卡上，随后被送入计算机进行处理。这种独特的方式构成了计算机的第一个用户界面，尽管在今天看来显得原始而有趣，但它无疑是计算机技术发展的重要里程碑。

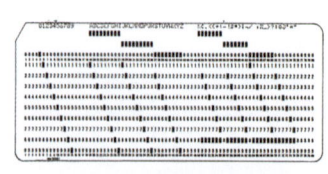

时代一：大型主机时代
20世纪50年代由IBM引入

时代二：网络时代

时间跳转到 20 世纪 80 年代末到 20 世纪 90 年代初，网络时代的到来彻底改变了人们的生活方式。这一时代由伯纳斯-李的发明所引领，Netscape 公司推出的 Navigator 浏览器更是实现了全球网站的便捷导航。网络的普及和深入应用，使得信息的获取与传递变得前所未有的迅速和广泛。至今，网络仍然是我们生活中不可或缺的一部分，深刻地影响着社会的每一个角落。

时代二：网络时代

20世纪80年代末到20世纪90年代初
由伯纳斯-李发明并通过Netscape公司推出

时代三：人工智能时代

进入21世纪后，人工智能技术的飞速发展将我们带入了全新的时代。2011年，IBM推出的Watson计算机在《危险边缘》游戏节目中大放异彩，成功击败了人类参赛者，这一壮举标志着人工智能技术在某些领域已经具备了超越人类的能力。我有幸领导设计团队，在这一时期将AI技术应用于医疗领域，实现了AI的首次商业应用。然而，我们也必须清醒地认识到，这种形式的AI仍存在诸多局限性，需要我们进一步探讨和解决，从而推动AI技术的更加成熟和完善。

时代三：人工智能时代

2011年由IBM推出

2. 设计的三个重要时期

设计的演进历程可以划分为三个关键时期，每个时期都标志着设计理念的重大转变。首先是人因工程与可用性工程时代，这一时代横跨 20 世纪 50 年代至 20 世纪 70 年代，其核心聚焦于产品生命周期末端的用户测试，旨在通过提升任务效率和消除用户错误来优化产品。随后，用户中心设计时代应运而生，由 Norman 和 Draper 在 20 世纪 80 年代至 20 世纪 90 年代引领，这一时期强调深入理解用户需求，并以此为基础设计用户体验，同时继续依赖可用性测试来评估设计效果。进入 21 世纪，设计思维时代开启，自 20 世纪 90 年代延续至今，它不仅融合了用户中心设计的精髓，还融入了强大的沟通与协作方法，我在 IBM 有幸共同领导了这一设计思维的转型，并将其成功推广至公司的各个业务部门，推动了设计实践的全面革新。

3. 迈向共生的第四阶段

回顾往昔，那段波澜壮阔的旅程清晰昭示着我们正屹立在一个前所未有且激动人心的时代——这便是人工智能与人类智慧深度融合、共同成长的第四时代。在这个历史的转折点上，我们目睹了设计与计算思维从原本的独立并行逐步走向协同共生，这一转变不仅是技术层面的简单叠加，更是一场颠覆性的思维模式革命。它打破了学科壁垒，推动了多学科间的无缝对接与创新融合，使得人类、AI 与地球能够携手共筑和谐共生的新篇章。

然而，面对这一全新纪元，我们也需直面新的挑战与机遇。特别是生成式 AI 所带来的能源消耗问题，已成为我们不容忽视的焦点。在此背景下，我主张采纳一种创新的视角，即将第四时代定义为"人类、AI 与地球的共生时代"。为此，我将 IBM 企业设计思维的精髓融入这一新范式，着重于探索人类、AI 与地球之间的相互作用与关系。

更改光圈

共生：人类、人工智能和地球之间的合作和互利关系

人类 + AI + 地球

在实际操作中，我们以任务分配为研究起点，例如在提升设计师或研究员工作效率与质量的项目中，我们首先明确研究范畴，随后展开深入的生成性研究，包括细致的访谈、全面的调查和利益相关者的深入剖析。我们以播客制作为例，展示了在这一共生模式下，AI 如何辅助生成问题、优化编辑流程，同时确保人类创作者的核心价值与创造力得到充分尊重与展现。通过这样的实践，我们实现了人类智慧与 AI 能力的有效协同，共同推动了项目的高效推进与品质提升。

AI 带来了巨大的机遇，如提高生产力和改善决策质量，但也伴随着技术滥用等风险。我们需要设立防护措施，并制定指导原则，明确 AI 能做什么、不能做什么，以及人类应该继续完成的任务。例如，IBM 在制定 AI 在用户体验研究中的使用指导原则时，就考虑了 AI 的能力、工作的完整性和伦理等因素。通过共生关系和新的设计思维方法，我们可以更好地利用 AI 技术，同时确保人类技能和伦理价值的持续发展。

让我们携手共创一个更加美好的未来！

Karel Vredenburg

全球用户体验研究副总裁，深耕 IBM 36 载，引领了全球设计变革。他成功推行新设计系统至公司各业务，惠及数百家企业，强化了设计与战略融合。作为设计领袖，他构建庞大设计团队，推动了文化与专业并进。他兼任多校教授，共创了"设计教育未来"倡议。此外，他还发起了 UX/R for Good，旨在以设计应对全球挑战。其专业贡献获得了广泛认可，博客与播客深受欢迎，展现了其深厚的学术与实战底蕴。

02 人工智能的历史视角

◎ Barry Katz

过去的十五年，全球经济经历了前所未有的挑战，仿佛是一部快速播放的纪录片。其中包括全球疫情的肆虐、战争的爆发以及灾难性的气候变化。然而，正是在这样的艰难背景下，新技术如雨后春笋般不断涌现，彻底改变了我们的生活面貌。我们见证了智能手机、无人机、自动驾驶车辆等技术的快速普及，这些曾经遥不可及的技术如今已深入我们的日常生活，成为不可或缺的一部分。同时，人工智能领域也取得了突破性进展，从最初的简单应用到如今深度融入各行各业，人工智能正逐步成为推动社会进步的重要引擎。

回顾这段历史，我们可以清晰地看到，每一次技术的飞跃都伴随着人类认知的拓展和能力的提升。从蒸汽机到互联网，再到如今的人工智能，每一次技术革命都标志着人类智慧的又一次升华。人工智能正在引领我们进入第四次工业革命——一个机器与人类智慧深度融合、相互成就的新时代。

在探讨人工智能的未来时，设计与计算思维的重要性不容忽视。过去，设计与计算思维往往被视为两个独立的领域，但如今它们正逐步走向融合共生。通过结合设计与计算思维的优势，我们可以更好地应对人工智能带来的挑战，推动其健康有序地发展。例如，在开发新的人工智能应用时，我们可以运用设计思维来洞察用户需求、优化用户体验，同时借助计算思维来构建高效、稳定的技术架构。这种结合不仅有助于提升人工智能应用的性能和质量，还能更好地满足用户需求，提升用户体验。

在人工智能的发展过程中，设计与计算思维逐渐从独立并行走向共生共荣。设计思维强调以人为本、以用户为中心，注重解决实际问题并创造更好的用户体验；而计算思维则强调逻辑推理、算法设计和系统优化，注重提高计算效率和准确性。这两种思维方式的融合，为人工智能的发展注入了新的活力和动力。设计思维让我们更好地理解人类的需求和期望，为人工智能的发展提供明确的方向和目标；而计算思维则使我们能够不断优化算法和模型，提高人工智能的性能和效率。这种共生关系不仅推动了人工智能技术的快速发展，也为我们解决复杂问题提供了新的思路和方法。

如今，智能手机、无人机、自动驾驶车辆等技术的普及，已让我们深切感受到一个全新时代的到来。波士顿动力公司的机器人 Spot，以其卓越的性能和智能，充分展示了人工智能技术的无限潜力。它并非是由工程师在幕后通过平板电脑操控的机器人，而是自主的智能机器人。这样的技术革新，让我们看到了机器不仅能够做得更快、更好、更强，更能够完成人类无法完成的任务。

不仅如此，OpenAI 推出的 Sora 产品，更是将语音转视频的命令工具推向了新的高度。通过简单的语音指令，就能创造出令人惊叹的视频内容，如两艘海盗船在一杯美式咖啡中激烈战斗的场景。这一技术的出现，标志着我们正进入一个全新的物体世界、信息世界，甚至可能是一个全新的生命设计世界。CRISPR 基因编辑技术的崛起，更是为这一观点提供了有力的佐证。

在如此短暂的时间内，我们在物体设计、信息设计以及生命设计领域都取得了革命性的进展。这不禁让我们思考，我们是否正处在一个历史的转折点上？是否正在经历一场范式转变？

关于这一点，有很多辩论和讨论。有人认为这只是人类创造力和技术的持续演进，而有人则坚信我们正处在一个全新的工业革命之中。回想起几天前美国股市的动荡，道琼斯工业平均指数出现了灾难性的下跌，但在历史的长河中，这样的波动又显得如此微不足道。正如托马斯·库恩在《科学革命的结构》中所提出的，科学思想的发展并非一帆风顺的线性上升，而是充满了范式转变和断裂。

在这样的背景下，我想引入硅谷的一位传奇人物——恩格尔巴特。他发明的鼠标，虽然起初并不被看好，但却彻底改变了我们与计算机的交互方式。更重要的是，他提出的"增强"理念，即通过技术来增强人类的能力，而非替代或削弱它。这一理念，在我看来，正是我们理解当前人工智能革命的关键所在。

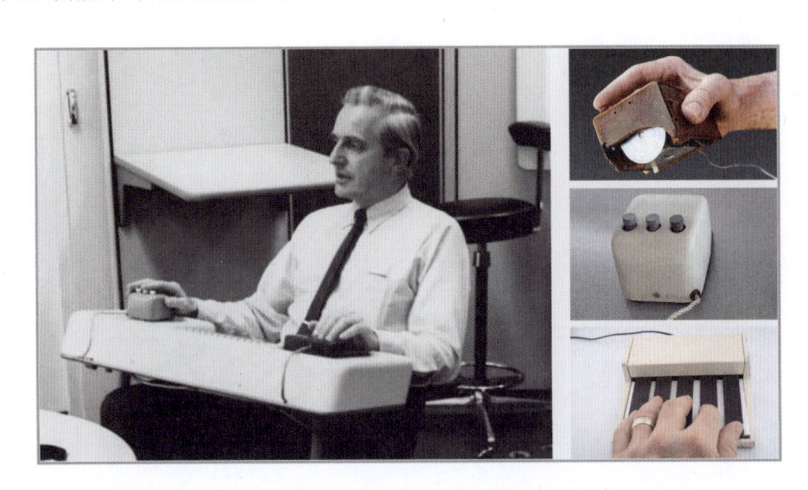

从第一次工业革命到现在,我们经历了从增强人类身体到增强人类感官的变革。而现在,我们正站在一个全新的起点上,即通过人工智能来增强人类的心智。这种增强,不仅仅是对某个特性的提升,而是对整个心智的全面扩展。我认为,大约在 2022 年 11 月,当 OpenAI 推出 ChatGPT-3 时,人类的性格再次发生了变化。这一技术的出现,标志着我们在人类体验方面迈出了质的一步。ChatGPT 不仅能够理解我们的指令,还能生成富有创造性和洞察力的回答,为我们提供了全新的思考方式。

然而,正如古希腊剧作家埃斯库罗斯在《普罗米修斯被束缚》中所揭示的,新技术的诞生总是伴随着风险与挑战。我们如何确保人工智能的发展能够造福人类,而不是成为毁灭我们的力量?这是一个值得我们深思的问题。

在此,我想引用《连线》杂志对 ChatGPT-4 发布后的评论:"赌注真的非常高。"我们正处在一个前所未有的关键时刻,必须谨慎而明智地应对人工智能带来的挑战与机遇。只有这样,我们才能确保人类与人工智能的共生关系能够持续健康发展,共同创造更加美好的未来。

Barry Katz

Barry Katz 博士是第一个 IDEO 研究员,他是一个积极进取的人际交往者。在 IDEO 之外,Barry 是旧金山加州艺术学院工业与交互设计教授、斯坦福大学机械工程系设计组顾问教授。他是六本书的作者,其中包括《通过设计改变》(与蒂姆·布朗合著)(*Change By Design*),以及《创新:硅谷设计史》(*Make it New: The History of Silicon Valley Design*, MIT Press, 2015)。

Barry 将他在历史和设计理论方面的专业知识用于他与 IDEO 项目团队的工作。他的"叙事原型"通常是为设计团队提供简报,为客户做演示,他还协助各种形式的写作和编辑。他认为,无论是技术性的还是未来主义的,没有一个项目不能从历史和文化的角度来丰富它。

03 AI 是一道光，我们选择看见

◎ 王路平

在科技日新月异的今天，AI 已不再是遥不可及的科幻概念，而是深刻影响着我们的日常生活与工作的强大力量。作为设计师，我们站在了这场技术革命的前沿，见证并参与着 AI 与设计融合的奇妙旅程。今天，我与大家分享的主题是"AI 是一道光，我们选择看见"。这不仅是我对 AI 设计未来发展的乐观态度，更是对每一位设计师的殷切期望——拥抱变化，勇于探索，共同开创设计的新纪元。

回溯到 2018 年，我在阿里巴巴的 UCAN 大会上首次提出了 Computational Design 的概念，我深刻感受到技术与设计结合的无限可能，开始思考如何将技术更深入地融入设计之中。那时，我们试图将更多技术元素融入设计之中，让设计师更懂技术，从而拓宽设计的边界。而今，当我们再次聚首，IXDC2024 国际体验设计大会的"计算思维"主题仿佛与我当年的想法产生了灵魂的共鸣。不过，经过这几年的实践与思考，我越发觉得，技术与设计的融合已成为不可逆转的趋势，尤其是近年 AIGC 的兴起，更是让这股浪潮席卷了整个设计界。技术不应仅仅是设计的附属品，而是推动设计创新的强大引擎。

AIGC 的爆发并非偶然。从 2021 年至 2023 年，AIGC 的狂潮涌向设计群体，生成式人工智能在网络上的话题热度增长了惊人的 10000%。同时，AI 图像生成模型如 Stable Diffusion、Hugging Face 等的增长也证明了这一领域的蓬勃生机。然而，AIGC 的快速发展也伴随着争议：一方面，有人担忧 AI 会取代设计师的工作，导致大量失业；另一方面，更多的人则看到了 AI 为设计带来的无限机遇。国外一些数字艺术网站甚至发起了抵制 AI 的运动。但正如工业革命初期的卢德运动一样，每一次生产力的变革都会带来挑战与机遇，关键在于我们如何选择面对。

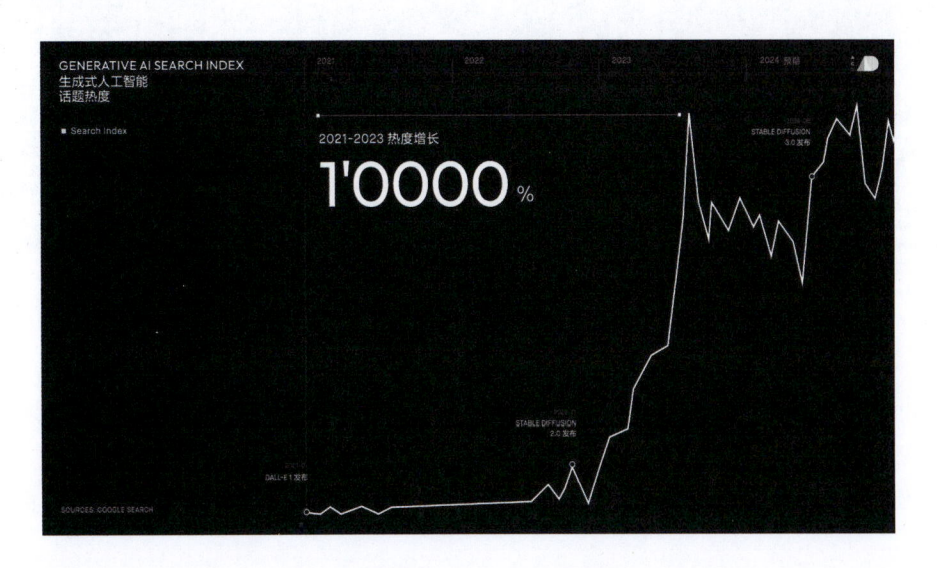

从数据上看，AIGC 的热度持续增长，生成式人工智能模型的发展速度惊人。无论是 GitHub 上的 WebUI 和 ComfyUI，还是 Hugging Face 平台上的 AI 图像生成模型，都展现出了巨大的市场潜力和应用前景。更重要的是，这些技术的发展正逐步改变着我们的设计思维和工作方式，推动设计领域向更高层次迈进。

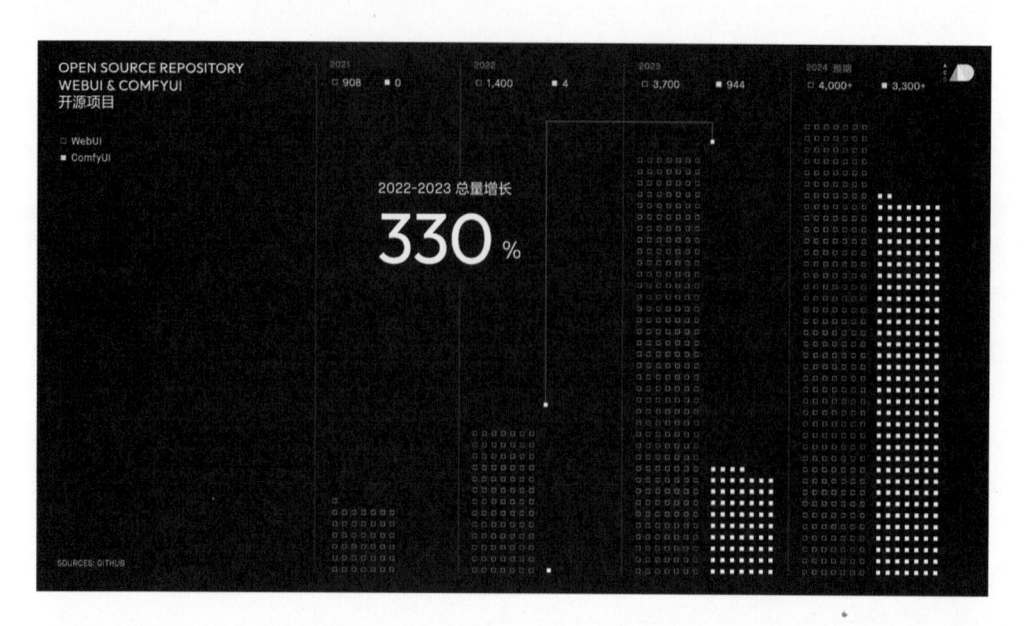

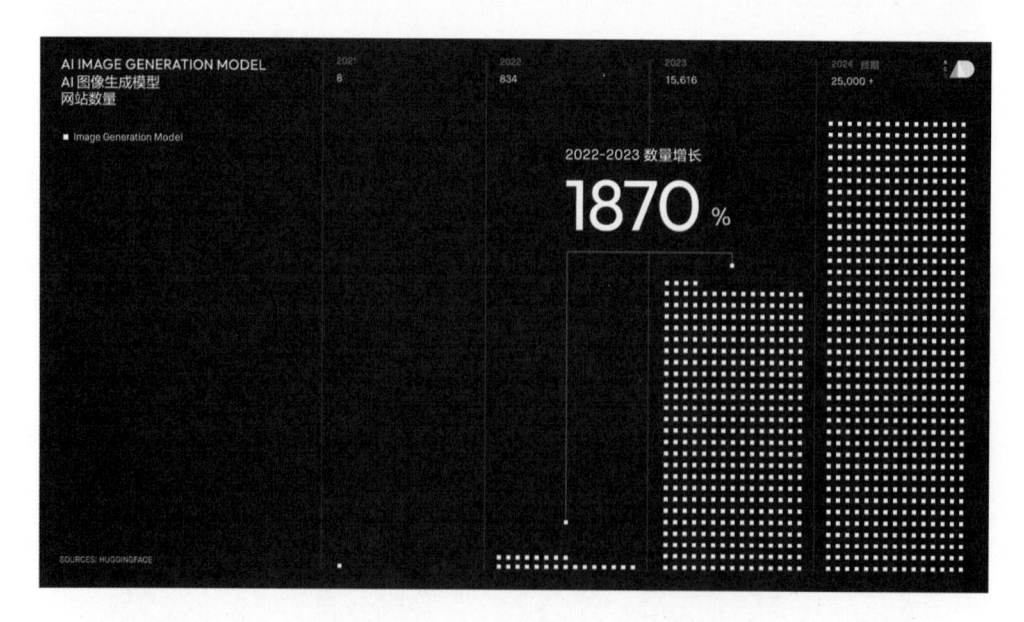

在阿里云设计中心，我们始终站在 AI 设计的前沿，不断探索和实践。我们深知，AI 不仅是工具，更是启发我们创新思维的灵感源泉。因此，我们从生产资料、生产工具和生产关系三个方面入手，构建了新的设计范式。

（1）生产资料的重构：

传统的数字资产正在向模型资产转变。我们通过对大量数据进行训练和优化，构建出适用于不同场景的 AI 模型。这些模型不仅能够高效生成设计素材，还能根据设计师的需求进行个性化调整，这极大地提高了设计效率和质量。

（2）生产工具的革新：

我们引入了多种 AI 设计工具，如 Stable Diffusion、ComfyUI 等，让设计师能够轻松上手，实现创意的快速实现。同时，我们也在积极探索和开发新的 AI 设计工具，以满足设计师不断变化的需求。

（3）生产关系的重塑：

AI 的引入使得设计师与工程师之间的合作更加紧密。设计师可以通过 AI 工具快速验证自己的想法，而工程师则可以通过技术手段将设计想法转化为现实产品。这种跨界合作不仅打破了传统的设计壁垒，还促进了设计与技术的深度融合。

为了推动 AI 设计的发展，我们不仅在内部进行了大量实践，还积极与教育行业和各行业伙伴合作。我们与教育部联合启动了协同育人项目，与多所高校合作开展 AIGC 课程，培养了一批具备 AI 设计能力的新型人才。同时，我们也与行业内的领军企业合作，共同探索 AI 设计在各个领域的应用前景。

在教育方面，我们与浙江大学、中国美术学院等六所高校合作，通过实际课程验证 AIGC 在教育中的潜力。学生们利用 AI 技术，不仅再现了古代服饰的特点，还创作出具有现代感的艺术作品。此外，我们还与 23 所高校建立了 AIGC 课程合作关系，让更多学生了解并掌握这一前沿技术。

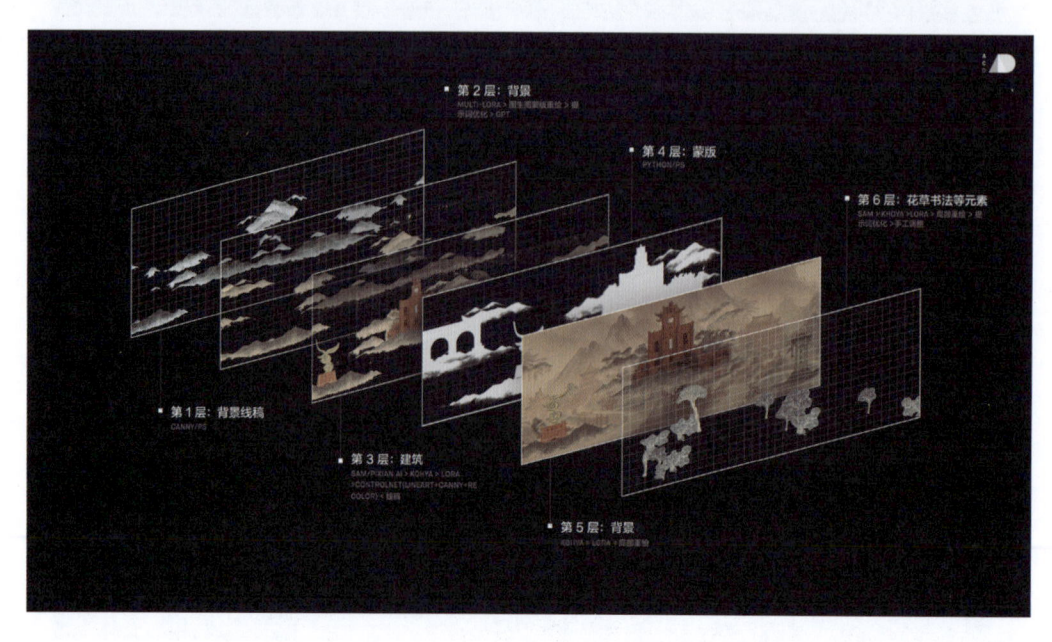

在行业应用方面，我们与众多企业合作，共同推动 AI 设计在产品设计、品牌传播、广告营销等领域的应用。通过 AI 设计，企业可以更加高效地生产出符合市场需求的产品和服务，提升品牌竞争力和市场占有率。

作为阿里巴巴的设计师，我们始终铭记自己的社会责任。所以，除了在教育领域的探索外，我们还积极参与公益项目，用设计的力量帮助贫困地区的孩子们获得更好的教育机会。我们启动了"寻美"项目，前往贫困县进行设计援助，为贫困地区的传统文化注入新的活力。例如，在四川喜德县，我们利用 AIGC 技术为当地彝族文化元素建模，快速产出设计作品。另外，我们还发起了"艺课堂"项目，为乡村小学提供美术教育资源。在这个过程中，我们发现了 AI 设计的巨大潜力——它可以帮助我们更快地生成设计素材、优化设计方案、提高设计效率。因此，我们将 AI 设计引入公益项目之中，让更多的人能够享受到科技带来的便利和美好。

最后，我想说，AI 是一道光，它照亮了设计的未来之路。面对这道光，我们选择看见、选择拥抱、选择利用它来创造更加美好的世界。

王路平

现任阿里云智能设计总监，在超过 20 年的设计职业生涯中，积累了丰富的国际经验，曾在三星、SKT 等全球知名企业担任重要职务。他创立了阿里云设计中心（ACD），这是中国最早专注于云计算设计的团队之一，负责设计和创新近百款阿里云产品的用户体验、数字产品以及智能设计。

2016 年，王路平在国内率先系统地提出了"计算设计"理念，这一理念不仅是技术上的创新，更是推动了技术、艺术与商业三者的深度融合，展示了其对于设计领域前瞻性的思考和领导力。

2023 年，人工智能技术涌现，王路平再次引领潮流，从模型资产、人智协作、生成式工具三个维度全面阐述了"AIGC 时代的设计新范式"，同时将理论付诸实践，带领团队成功打造出阿里云一站式 AIGC 设计平台 PAI ArtLab，为设计行业的 AIGC 时代转型提供了强大的工具和方法。这也是他在推动设计创新和技术融合方面的卓越贡献。

04 AI时代的用户界面设计

◎ 朱宁

在踏入设计领域的这二十几年里,我经历了从用户界面设计到产品设计,再到用户增长、市场销售和企业管理等多个阶段。每一个阶段都为我带来了不同的认识和理解,也让我逐渐明白了一个道理:无论是做设计还是管理企业,其核心都是在于创造价值。

回想起 2002 年,那是我开始做用户界面设计的起点。那个时候,我刚刚从美术学专业毕业,对于计算机充满了热爱。但由于缺乏实际的职业技能,我只能选择从互联网的网页设计做起。那时的我,满腔热血,对于用户界面设计充满了无限的憧憬和期待。我认为,用户界面就是一切,是决定产品成败的关键。

随着时间的推移,我逐渐接触到了产品设计。在百度,我开始负责产品功能的设计,以及产品使用流程的构建。这个阶段,我意识到产品功能的选择和战略定位远比用户界面设计要重要得多。一个好的产品,需要有一个清晰的功能定位和战略规划,才能赢得用户的青睐。

后来,我加入了阿里巴巴,开始负责一个业务单元的用户增长和商业回报的计算。这个阶段,我又深刻体会到了用户运营和市场销售的重要性。一个产品,无论其设计多么精美,功能多么强大,如果没有有效的用户运营和市场销售策略,也很难取得成功。

再后来,我开始创业,负责公司的市场、销售以及业务经营。这个阶段,我更加明白了企业经营的不易。一个企业要想持续创造价值,不仅需要有好的产品和服务,还需要有有效的市场策略、销售团队和经营管理能力。

然而,在创业的过程中,我逐渐发现,无论我如何解决当下的问题,都无法找到一个长期的解决方案。我开始思考,到底是什么决定了产品的长期价值?是用户界面设计、产品功能、用户运营,还是企业管理?经过长时间的思考和探索,我逐渐意识到,产品设计的核心在于创造价值,而 AI 可能是实现这一价值的关键。

在过去的几年里,我目睹了 AI 技术的飞速发展。从 GPT 到 ChatGPT,AI 已经逐渐具备了理解和生成自然语言的能力。我开始思考,是否可以利用 AI 来解决我们在产品设计过程中遇到的问题?是否可以让 AI 来帮助我们创造价值?

于是,我在 2022 年年底去了美国,花了四个月的时间深入了解 AI 技术的发展现状和未来趋势。我发现,AI 已经逐渐具备了自动化处理大量数据和信息的能力,可以为我们提供更加精准和高效的解决方案。

回到国内后,我开始尝试将 AI 应用到我们的产品设计过程中。我接管了全公司的所有产品设计和研发资源,开始推动 AI 在产品设计中的应用。我组织团队开发了一款名为 UCDarts 的 AI 产品,它可以帮助我们自动化地生成符合设计规范的用户界面设计图,并且这些设计图还带有前端页面代码,可以直接用于开发。

在这个过程中，我发现了一个非常有趣的现象。过去，我们的产品设计过程需要多个岗位的人员参与，包括产品经理、产品设计师、交互设计师、界面设计师等。而每个项目都需要大量的时间和人力成本来协调这些人员之间的工作。然而，当我们使用 UCDarts 这款 AI 产品后，我们只需要少数几个设计师来制定设计规范，并培训产品经理和前端工程师如何使用这些规范。这样，我们就可以大大减少人力成本和时间成本，提高工作效率。

同时，我还发现，当我们的产品设计过程变得更加简单和高效后，产品质量也得到了提升。因为过去每个岗位的人员都认为自己只是负责其中的一部分工作，而现在每个人都需要对整个产品设计过程负责。这种责任感的提升，使得我们的产品质量得到了显著的提高。

当然，这并不是说 AI 可以完全取代人类设计师。相反，我认为 AI 和人类设计师应该是一种互补的关系。AI 可以帮助我们处理大量的重复性工作，让我们有更多的时间和精力去专注于创造性和策略性的工作。而人类设计师则可以利用自己的专业知识和创意能力，为产品注入更多的灵魂和个性。

在这个过程中，我也对于未来的产品设计趋势有了一些自己的思考。我认为，未来的产品设计将更加注重用户体验和个性化定制。而 AI 技术将为我们提供更加精准和高效的用户数据分析和个性化推荐算法，使得我们可以更好地满足用户的需求和期望。同时，AI 技术也将帮助我们实现更加智能化和自动化的产品设计过程，让我们能够更快地响应市场的变化和用户的需求。

此外，我还认为未来的产品设计将更加注重跨领域和跨行业的合作。因为随着科技的发展和社会的进步，我们已经进入了一个万物互联的时代。不同领域和行业之间的界限变得越来越模糊，而跨界合作将成为我们获取新灵感和创意的重要途径。通过跨界合作，我们可以将不同领域和行业的优秀经验和资源引入产品设计过程中，为我们的产品注入更多的活力和创新力。

最后，我想说的是，在这个快速变化的时代里，我们需要不断地学习和适应新的技术和趋势。只有不断地更新自己的知识和技能，才能在激烈的竞争中立于不败之地。同时，我们也需要保持开放和包容的心态，勇于尝试新的想法和方法，才能不断推动产品设计的创新和发展。

朱宁

有赞科技创始人兼 CEO。他是中国最早的用户体验设计师之一，有着丰富的企业服务、全域电商、互联网社区、AI 应用等领域经验。

2012 年创立有赞，成功地将有赞打造成微信生态系统内领先的 SaaS 公司，为数百万商家提供社交网络开店的解决方案，推动了中国电子商务的创新和发展。被誉为中国互联网领域的杰出创业者和领导者。

曾担任支付宝首席产品设计师、百度产品设计师，并先后任 UCDChina 发起人、Guang.com 联合创始人、"贝塔.朋友" 发起人。

第2章
成长与管理

05 智能时代的设计教育：新角色与新模式

◎ Peter Russell

首先，我渴望与大家分享我们正在致力于实施的项目，并探讨我们应如何应对培育下一代所面临的挑战，特别是在设计的计算应用这一复杂议题上。建筑与设计领域正日益交融，社会对设计师的期望也随之不断提升。与此同时，我们还得面对时间紧迫、材料稀缺以及能量减耗的压力，或至少是对减少这些资源消耗的迫切愿望，这无疑让设计工作变得更为棘手。那么，我们究竟该如何为设计师铺设道路，让大家能够从容面对未来的挑战呢？这确实是一个艰巨的任务。

如今，社会对设计师的要求越来越高，我们不仅要应对时间的压力，还要面对材料和能量的减少等现实问题。这些挑战使得设计变得更加困难，但同时也激发了我们的创新精神。那么，我们应如何为未来的学生或职场人士做好准备呢？

现在一些建筑可以用所谓的建筑信息模型（Building Information Modeling，BIM）来表达。它们是复杂的机器，而不仅是形式。事实上，建筑的内部结构和一辆汽车一样复杂，甚至更复杂。在过去，我们习惯于在纸上或通过物理模型来设计建筑，但现在，建筑信息建模让我们能够继续进行数字部分的设计，并创造出一个与现实世界并行的平行世界。随着建筑生命周期的不同阶段，数字世界将继续与现实世界并行运作，这就是我们现在所称的数字孪生（Digital Twins）。

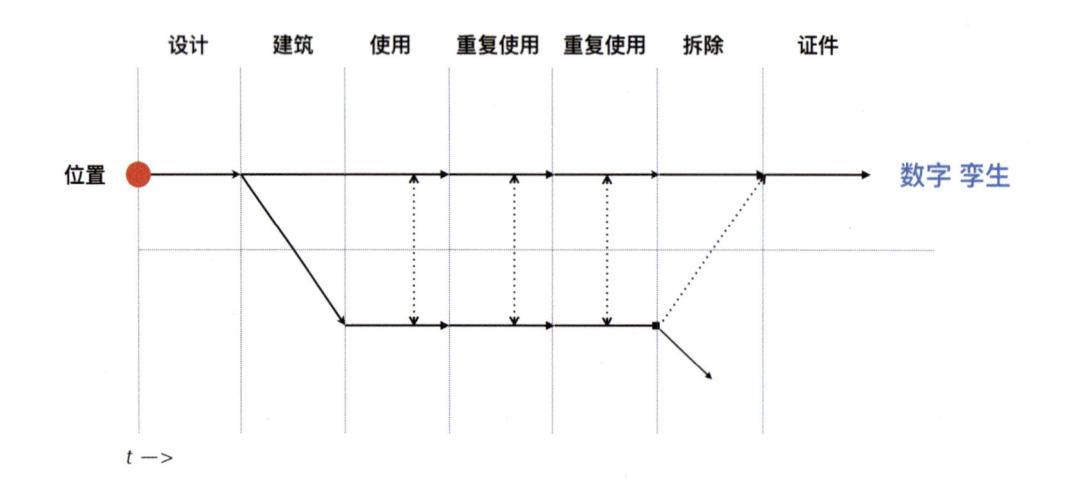

数字孪生的概念非常重要，特别是在建筑师开始设计时。如果他们没有正确地准备信息，那么后续的所有工作都将无法顺利进行。因此，我们面临着如何正确准备这些信息的压力。那么，我们应该如何教授学生，以便他们能够应对这些挑战呢？这并不是一件容易的事情，因为我们今天听到的所有这些新技术和系统都在向我们涌来。事实上，我们甚至正在超越计算领域，进入生物学领域。数字过程将是修复或连接这些事物的关键，而人工智能则无处不在。我们无法逃避这一切，因此，我们的学生和教授都需要了解它。

接下来，我想谈谈我们将要面对的技术，以及我们的学生必须处理的技术。首先是人工智能和建筑本身，建筑行业的工人改进速度非常缓慢，而人工智能和机器人技术的出现将意味着工人们自身将会得到升级。他们将不再从事繁重的工作，而是控制完成这些工作的机器人。我们将需要使用人工智能，因为我们需要提高设计的速度。一个简单的统计数字是，未来 30 年非洲大陆将新增 10 亿人口，这意味着我们需要在接下来的 30 年中每 6 个月在非洲建造相当于荷兰大小的建筑面积，而我们没有足够的建筑师来设计这些建筑。我们需要更高效的方式来完成这些工作。

人工智能
建筑师 & 建筑

- 机器学习不会提供"按钮"设计
- 算法可以提高控制效率
- 足够的数据将使我们能够深入了解我们的流程
- 需要与人类智能协调，以提高设计的有效性

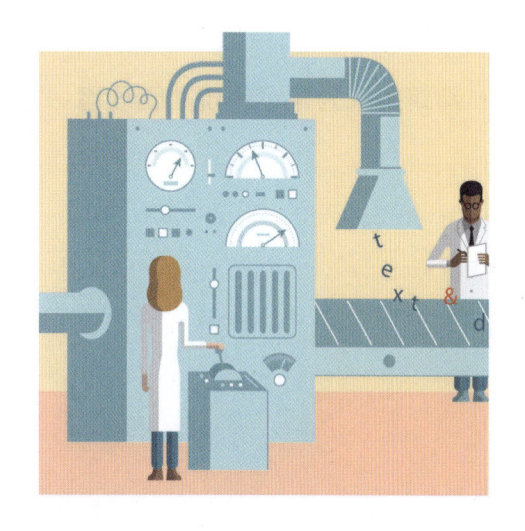

建筑教育在过去的两百年里几乎没有改变。如果你走进世界上任何一所建筑学校，你都会看到非常相似的情景。唯一的区别是现在大约有一半的人是女性。这也意味着我们必须以不同的方式看待我们的领域。我们需要"双型"人才，以便能够相互交流，而不是互相讲授。因此，我们正在尝试开发一种方法来培养既是建筑师又是生物学家的人才，或者既是建筑师又是计算机科学家的人才，或者既是城市规划师又是社会学家的人才，以便能够组成一个跨学科团队，使团队成员之间更好地理解彼此。

同时，当前的建筑和建设过程也面临着许多挑战和变化。不仅是人工智能或数字化的发展，还有建设市场的金融变化。例如，在欧盟现在所有的新建筑都必须是零能耗的，这意味着未来的建筑将不再是简单的立面建筑，而是一个服务合同的平台。这种变化将逐渐改变建筑师的角色，使他们不再仅仅是设计师，而是更多地参与到建筑的全生命周期管理中来。

最后，我想强调的是，我们讨论的所有这些技术都需要一些基本知识来支撑。而这些知识不仅来自建筑师和建筑学教授，还需要数据科学教授、社会学教授、心理学教授等多方面的支持。同时，我们也需要与一些公司或政府组织的同事合作，共同确保我们的学生拥有他们所需要的知识。

在未来的教育中，我们的角色将会发生很大的变化。我们不再只是简单地向学生灌输知识，而是需要倾听他们的需求和想法，并与他们建立更加个人化的关系。我相信，通过这种方式，我们的学生将能够更好地应对未来的挑战，并创造出更多的创新成果。

重新思考我们的角色
建筑师的价值是什么？

- 资源责任将重塑房地产市场
- 销售与租赁
- 客户关系不会随着交出钥匙而结束
- 建筑师成为建筑环境的管理者

Peter Russell

　　加拿大籍建筑师、教育家，清华大学长聘教授。曾任荷兰代尔夫特理工大学建筑与环境设计学院院长，德国亚琛工业大学建筑学院院长。现任清华大学深圳国际研究生院（Tsinghua SIGS）未来人类栖息地研究院（iFHHs）的院长和建筑计算教授。Russell 将他的热情、责任感和勇气融入了他的教育和研究中。他不仅致力于激励那些承担建筑环境责任的人，更将这些原则转化为能够影响我们建筑、城市乃至整个社会的教育和政策。罗素教授的工作不仅是对建筑学的探索，更是对生活方式的深刻反思。

　　他的研究领域包括建筑信息模型、智能建筑与城市以及环境辅助生活。他积极致力于推动城市工程建筑与设计教学法的发展。

06 面向未来的设计教育

◎ Kun-Pyo Lee

大约六年前，我来到了香港，目前担任香港理工大学设计学院的院长。我的任务是将一个相对传统的设计学院转型，以应对范式变革的浪潮。在我的职业生涯中，我大部分时间都是在学术界担任教授。但在 2010 年，我接到了 LG 电子的电话，公司的首席执行官希望我能加入他们，帮助他们将公司从产品驱动转变为更注重用户体验的公司。最后，我在 LG 电子担任了三年的首席设计官，其间我意识到教育领域存在重大问题。从产业和现实世界的角度来看，大学就像是温室里的象牙塔，我们需要做出重大的改变。

目前，设计问题已经从产品设计转变为更为复杂的领域。例如，苹果公司是首个提出"我们不仅是在设计产品，而是在设计与人类交互的方式"的公司。随后，星巴克的 CEO 表示"我们不仅在卖咖啡，我们卖的是社交体验"。Uber 和 Airbnb 则强调整个客户旅程的服务设计。而现在 Google 等公司所涉及的生态系统是一个超越单一学科的庞大系统，我们设计师必须与其他学科协作。

在 LG 电子的工作经历让我深刻认识到，教育领域存在着重大问题。从产业和现实世界的角度来看，我们的大学和教育机构就像是温室里的象牙塔，与真实的世界脱节。我们确实需要做出很大的改变，让教育更加贴近实践，更加有用。

说到实践，其实任何学科的建立都是从实践开始的。人们通过实践获得经验，然后尝试将这些经验应用到教育中，从而推动学科的发展。然而，在设计领域，却存在着一个特殊的问题：那些从事设计的人和那些教授设计的人之间，存在着巨大的紧张关系。一些人认为研究和实践之间存在差距，而另一些人则自豪地声称自己与现实世界毫无联系。这种分裂的状态对设计教育的发展是非常不利的。

为了解决这个问题，我们需要重新审视设计教育。我发现，设计教育已经经历了多次演变。从工业革命之前的工匠时代，到后来的美学形式研究，再到现在的用户中心设计和设计思维，每一次变革都带来了新的挑战和机遇。然而，设计问题却变得越来越复杂，已经超越了单一学科和单一设计师的能力范围。

因此，我们需要一种全新的设计教育模式，来应对这些复杂的问题。我认为，设计教育应该是一个完整的生态系统，不仅涉及设计方法和过程的变更，还包括不同类型的问题、设计师的新角色、用户与设计师之间的新关系以及工作方式的变化。我们需要全面考虑这些因素，才能培养出真正具备解决复杂问题能力的设计师。

在我担任设计学院院长期间，我们进行了一些改革。首先，我们对基础年进行了改革，让学生在入学时学习各种通用技能和理论，以便他们能够更好地适应未来的学习和发展。其次，我们创建了更加综合的毕业设计项目，让不同专业的学生能够聚在一起解决一个大问题。这种跨学科的合作方式不仅有助于培养学生的综合能力，还能让他们更好地理解设计在现实世界中的应用。

此外，我们还成立了一个委员会来制定生成式 AI 的指导方针。随着 AI 技术的不断发展，它已经开始在某些方面替代设计工作。然而，我认为 AI 目前主要占据的是"怎么做"的部分，而"为什么"的部分仍然是人类远胜于 AI 的。因此，我们的教育不应该仅仅关注"怎么做"的部分，而应该更多地教授批判性思维、计算思维和设计思维等更重要的能力。

我发现当新技术出现时，新的模式也随之而来。我们有三个阶段，我称之为 3C。首先是配对。你只是把技术应用到你现有的方法上。然后在使用生成程序一段时间后，你开始定制。最后会创造出全新的方法。今天已经有很多定制化的东西，但最终，我们需要做的是创造全新的设计方法或流程。

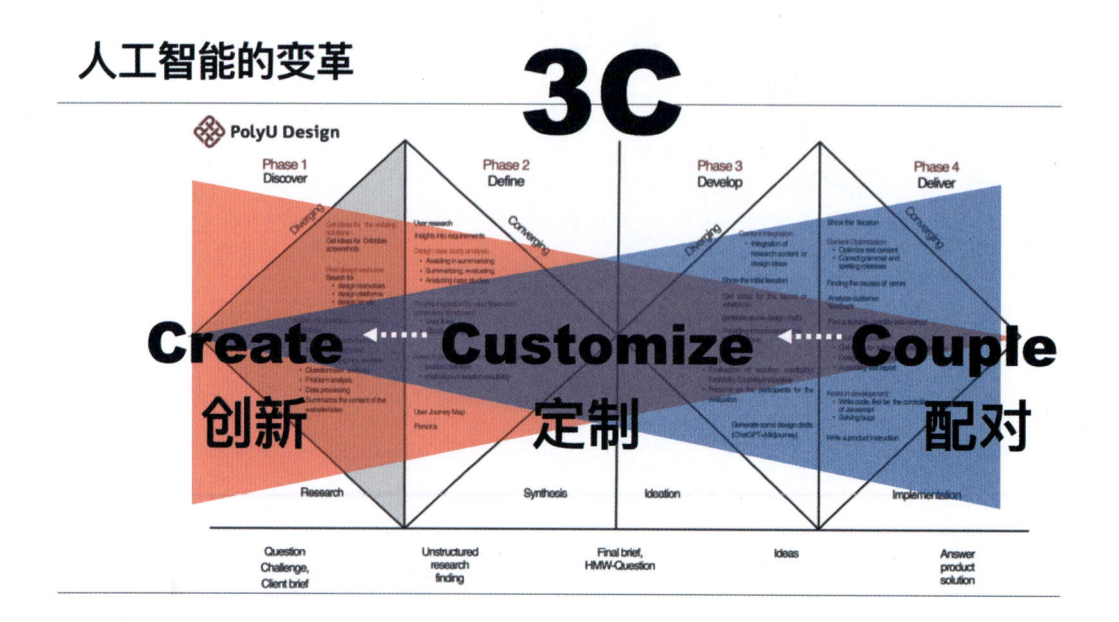

人工智能的变革 3C

Create 创新 ← Customize 定制 ← Couple 配对

最后，我想说，设计师的角色正在发生变化。在人本设计中，设计师不再只是引领整个设计过程的人，而是需要与用户一起合作、共同设计的人。我们需要培养一种全新的设计师角色——他们不仅需要具备设计能力，还需要具备商业思维、创新能力和跨学科合作能力。只有这样，我们才能培养出真正能够应对未来挑战的设计师。

Kun-Pyo Lee

香港理工大学设计学院院长，在加入香港理工大学之前，他曾担任韩国科学技术院工业设计系教授和以人为本的交互设计实验室主任超过 30 年。他是 IASDR（国际设计研究协会）的联合创始人和名誉主席。他还曾担任 LG 电子公司设计中心的首席设计官（执行副总裁）。他是亚洲著名的设计研究、用户体验设计和以用户为中心的设计领域的先驱，并因此被评为设计研究学会荣誉会员和 CHI 2015 本地英雄。他拥有独特的产业界和学术界经验，一直致力于建立新的设计教育范式——设计 3.0。

07 未来已来——智能浪潮下设计的自我迭代

○ 王婉

在设计的道路上，我已经走过了十五个年头，我经历过很多次设计的变革。我的团队——阿里云设计中心智能设计部，则是一个多背景、跨学科的年轻团队，有百余名设计师。我们有一定的话语权去见证每一个不同类型的设计师在这次技术浪潮下的心态变化。在此，我想和大家分享一些关于智能化生产内容的新范式、设计师未来的核心竞争力，以及我们如何顺应技术发展的过程，理顺与技术共存的关系。

1. AIGC 新范式

从城市大脑开始，我们与智能化打交道已有近十年。在这个过程中，我们为客户提供了众多智能化的解决方案，但直到近几年，随着"妙多"等应用型工具和"MJ-Stabilition"等智能化工具的涌现，智能已经悄然融入了我们的日常工作。这些工具不仅改变了我们对设计资产、使用工具和行业智能化转型的看法，也让我们产生了一系列新的认识。

我们对设计资产、使用工具和人机协作的看法都发生了深刻的变化。以设计资产为例，我们不再仅仅满足于建模、材质库和固定打光等传统方式，而是开始建设数据集，利用 Lora 等技术进行意向稿的创作，与业务对焦，提高设计和建模的确定性，减少不必要的精力浪费。

此外，我们还看到了自动化工具向生成式工具的转变。无论是开源性工具还是 AI 原生应用，它们都极大地提高了我们使用 AI 的频率和参与度。在我们团队内部，AI 使用率已经达到 70% 以上，创意设计师更是高达 95% 以上。

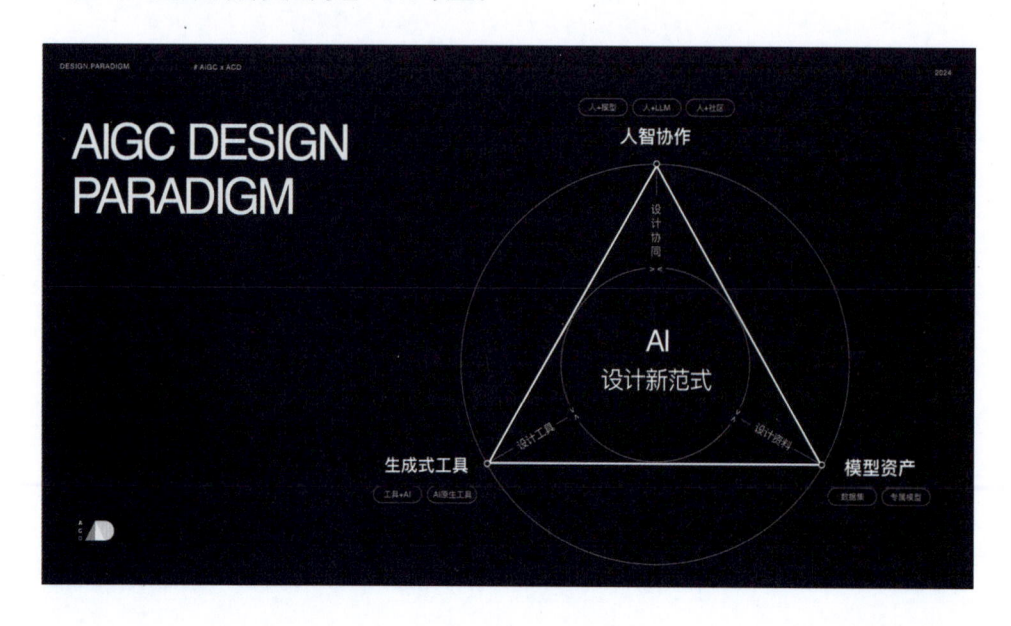

以品牌库图库为例，过去我们需要到各个图片网站上寻找图片，进行微调后采购。但有了智能化的介入，我们可以用 MidJourney 生成大批量的图片，再用 Stable Diffusion 进行局部修改和控制，最终与品牌部达成共识，形成一系列符合品牌调性的品牌库。

再来说说人机协作到人智协作的转变。我们的团队一直在做行业智能化转型，从最初的 IDE 等数据化工具生产，到现在的行业大模型建立，我们不断推动着智能在千行百业中的应用。

比如，我们做过面向医疗行业的智能化检索、病例推荐和文档处理，面向记者的智能化选题，以及面向法律行业的法睿等。这些产品都以不同的形态让智能在行业中产生了化学反应。

2. 设计师未来的核心竞争力

对于创意型的人员来说，创意策划是很难被替代的。但在创意策划之后，设计师需要变成一个善于做技术选型的人。以我们团队的一个项目为例，我们在做专有云十周年视频时，通过风格迁移、文生图等技术，快速尝试了多种可能性，最终选出了最符合我们需求的方案。这种技术选型的能力，将成为未来设计师的核心竞争力之一。

对于体验设计师来说，我们可以往行业设计转译和设计咨询的方向去发展。在行业智能化转型的过程中，我们不仅是技术的翻译官，更是需求的承接者和转移者。通过设计咨询，我们可以帮助客户更好地理解和实现他们的需求，从而为他们提供更具价值的解决方案。

3. 顺应时代的生产关系

在智能化的浪潮下，我们的角色和工作内容都在发生着变化。我们推出了技术类的设计师团队，也涌现出了工作流构建师、模型训练师等新角色。这些角色的出现，不仅丰富了我们的团队结构，也能让我们更好地应对智能化的挑战。在这个过程中，我也在推动大家去做设计共学，定期出一些主题，让大家参与到这次变革当中。我相信，只有不断学习和掌握新技术，我们才能在未来的设计领域中保持竞争力。

这次技术变革对于每一个设计从业者来说，都是一次技术平权的过程。现在所有的开源社区已经让我们拥有了技术平权的机会和平等的信息内容。但最终能不能够实现一种结果平等，还是取决于我们每一个人自身愿意投入多少精力，参与到这次浪潮和变革当中。让我们共同努力，让自己在这个行业当中具有更长的职业生命周期吧。

计算思维：智能体验设计新时代

设计师 + AI

设计 ~ 工作流构建师
设计 ~ 模型训练师
设计 ~ 节点开发工程师

DESIGN PARADIGM　# AIGC x ACD

CULTURE — CREATIVITY — COMMUNICATION — ART — ENGINEERING 工程 — ALGORITHM — SCIENCE — STATISTICS — USER RESEARCH 用研 — PSYCHOLOGY — BUSINESS — EXPERIENCE 体验

AI

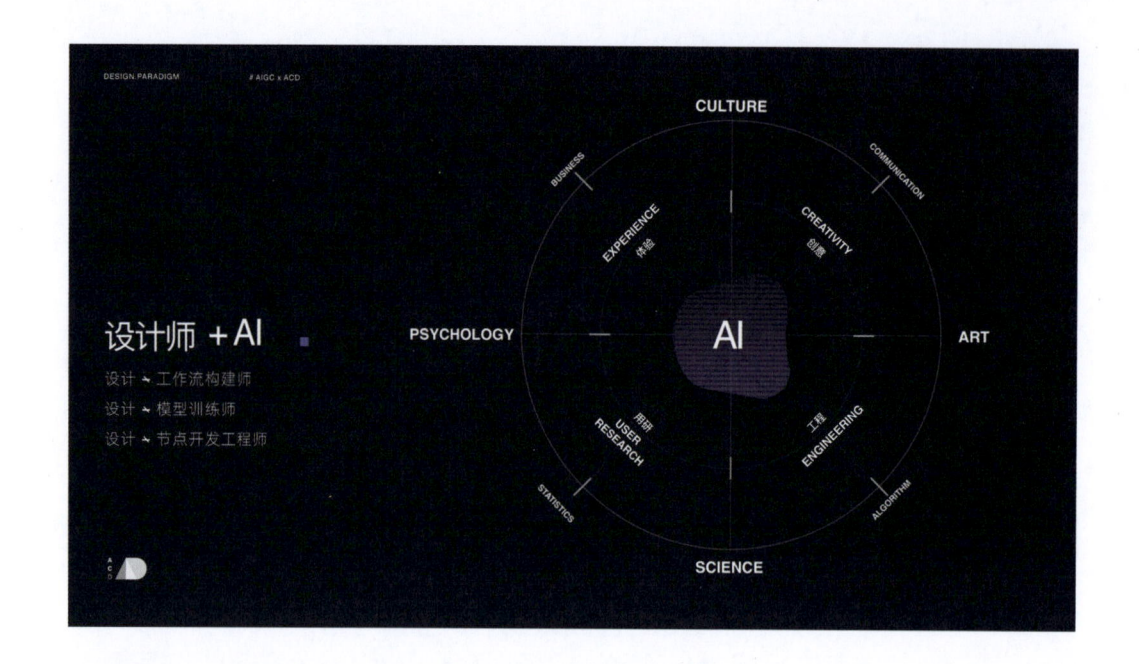

王婉

　　阿里云体验设计高级专家，拥有十多年体验设计与管理经历，现任数据智能 & 数字行业（Data & Intelligence）团队负责人，主导工业、交通、航空、医疗等行业智能综合解决方案从 0 到 1 的建设，擅长利用复合的设计手段与设计思考力解决问题，在可视化、计算设计、PaaS、SaaS 等设计方向上有多年的实战经验。曾任 UXPA、UCAN 讲师。

08 AI时代产品设计师面临的机遇与挑战

○ 刘妍

在 AI 时代，产品设计师迎来了前所未有的机遇与挑战。随着人工智能在数据分析、用户洞察和自动化设计等方面的应用不断深入，设计师不仅能更快速地获取用户偏好和市场趋势，还能借助智能工具生成创意概念、优化设计流程，从而提高效率与创新性。然而，AI 的引入也对设计师提出了新的要求，他们需要不断学习如何与 AI 协作，同时保持对用户体验和人性化设计的把控。此外，设计师们必须在数据驱动的设计决策与创意灵感的平衡中找到最佳位置，以确保产品既具有功能性，又能够满足用户的情感需求。

这一时代的设计师正在被重新定义，而如何在技术浪潮中找到定位、实现自我突破，是他们的核心课题。

一、AI 时代产品设计的现状、前沿应用、重新定位

1. 现状

2022 年 9 月，ChatGPT 在发布仅一周便突破了 100 万月活跃用户，两个月后，其月活跃用户数更是攀升至 1 亿，成为历史上用户增长最快的消费类应用之一，正式拉开了生成式人工智能（GenAI）时代的序幕。相比之下，TikTok 从推出到达成 1 亿用户用了约 9 个月，而 Instagram 则耗时约 2.5 年。

ChatGPT 的迅猛发展标志着生成式 AI 新时代的到来，随后各类 GenAI 产品迅速崛起。在国外，Midjourney、Otter.ai、Bard 等相继上线；国内也有众多知名科技公司积极进军 AI 领域，其中 DeepSeek、字节跳动豆包、百度文心一言、阿里巴巴通义千问、华为盘古等尤为引人瞩目。

尽管生成式 AI 正在迅速兴起，而其主要应用仍集中在 B 端，通过大语言模型推动产品架构和商业模式的变革，帮助企业提升核心竞争力。然而，从个人消费者的视角来看，他们是如何与生成式 AI 产品互动的？在这些产品中，谁最有可能成为下一个"爆款"？

从全球流量排名前 50 的应用来看，最受欢迎的类型集中在服务运营优化领域，特别是企业级和 B 端产品，其次是用于产品和服务开发的设计类应用。这一趋势凸显了人工智能在各行业中的广泛应用及其不断增长的重要性。

此外，GenAI 还呈现出以下趋势：

- 大多数生成式 AI 产品诞生时间不超过一年；
- ChatGPT 凭借显著优势保持领先；
- AI 伴侣和 AI 内容生成工具的增长速度最快；

- 产品类别日益分化，竞争愈加激烈；
- 消费者愿意为优质产品付费。

这些变化反映了生成式 AI 应用的多样化发展以及消费者对顶级产品的强大需求。

2. 前沿应用

（1）数据收集与解读。

借助人工智能工具，研究人员可以轻松地从各种来源收集和分析数据，包括用户反馈、调查、社交媒体和网站分析。人工智能算法还可以帮助研究人员识别数据中的模式、见解和趋势，从而使他们能够就产品设计和用户体验做出更明智的决策。而且通过利用这些数据驱动的洞察，设计师可以创建与目标受众更加契合的产品，提高用户满意度和参与度。

（2）个性化体验。

AI 系统可以分析个人用户数据，如过去的互动、偏好和行为，以独特地定制产品体验，增强用户与产品之间的联系。个性化体验不仅提高了用户满意度，还增加了持续使用和忠诚度的可能性，因为用户更有可能继续使用他们认为专门为他们设计的产品。

比如 Adobe AI 正在彻底改变大规模个性化的可能性。传统的客户体验技术与生成式 AI 的融合让营销人员能够更快、更高效、更有创意地工作。

他们还建立并维护实时客户档案，了解客户的偏好和行为，收集全渠道数据并将其整合到客户或账户级别的单个 ID，以便跨渠道访问和激活，制作客户历程的全渠道视图，了解每个客户过去的访问点，以预测他们未来的访问点，跨每个渠道和互动探索整个客户历程，以创造更有沉浸感的体验。Adobe AI 还可以帮助客户完成从设计和撰写电子邮件到发现受众的所有工作。

（3）AI Chatbot。

AI Chatbot 可以熟练掌握很多功能，比如自然对话、多领域知识、语言生成、实时交互。它的应用场景也非常广泛，可以被集成到多种平台和服务中，以提供自动化的客户服务和支持，常见功能如下。

- 自助查询：如订单状态、退款政策等。
- 技术支持：为用户提供初步的技术支持，解决简单的技术问题。
- 产品推荐：根据用户的偏好推荐相关产品。
- 购物指南：帮助用户了解产品特性，引导用户完成购买过程。
- 市场调研：通过聊天机器人收集用户反馈，了解市场需求。
- 品牌宣传：通过互动式聊天推广品牌形象和新产品。

（4）智能硬件产品。

AI 不仅正在改变产品设计的过程，还在重新定义产品本身。智能、AI 驱动的产品可以适应用户需求，从交互中学习并预见用户行为，提供高度个性化和直观的用户体验。此外，提供改进和量身定制体验的能力在当前的市场环境中是一个至关重要的竞争优势。

3. 产品设计新范式

（1）Initial CTA 搜索框。

"Initial CTA 搜索框"是一种新兴的产品设计范式，它将用户初始接触点设计为一个直接的搜索框或"立即行动"（CTA）入口，旨在引导用户快速完成关键任务或直接获取信息。这种设计不仅能够缩短用户的决策路径，还可以提升交互体验，尤其适合那些以搜索和发现为核心功能的应用或网站。在这种新范式中，搜索框成为了用户探索的起点和行动的第一步。

Initial CTA 搜索框设计使得用户在第一时间便能够直观、高效地找到所需内容，成为提高用户体验和推动用户转化的新方向。

- 最常见的初始 CTA 实现形式是一个大型的开放输入
- 输入框可能会结合提示建议，以帮助用户入门
- 在上下文中介绍人工智能
- 用愉悦感来提高理解力

（2）输入。

用户可以输入他们的需求或问题。输入框通常会结合一些提示建议，帮助用户快速入门，提供一些示例或模板来启发用户的思路。一些生成器还允许用户设置参数，让用户可以根据具体需求调整生成内容的细节。此外，还可能会提供丰富的示例库，展示各种应用案例，帮助用户更好地理解和利用 GenAI 的功能，提供更多的创作灵感。

- 开放输入框
- 提示建议
- 参数设置
- 示例库

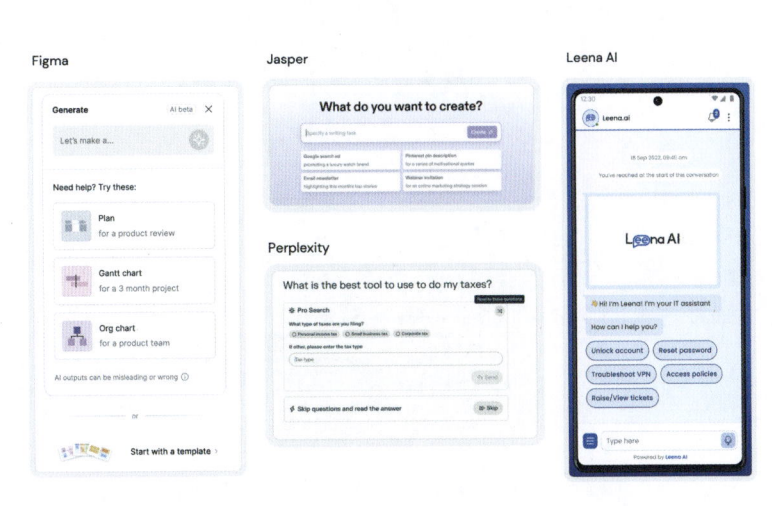

（3）提示。

提示通过在界面中主动展示引导性说明或问题，帮助用户明确需求并激发互动。这一设计理念特别适用于生成式 AI、内容创作工具和搜索引擎等产品，旨在缩短用户从思考到操作的时间，提高交互效率。

提示应尽量清晰且具体，以便生成器准确理解需求。例如，代替简单的"写一篇文章"，可以说"写一篇关于人工智能在金融行业应用的文章"。提示应简洁明了，避免使用复杂句式，因为简洁的提示更易于被生成器正确解析。如果需求较为复杂，可提供一些上下文信息，如目标受众、用途或期望的效果。

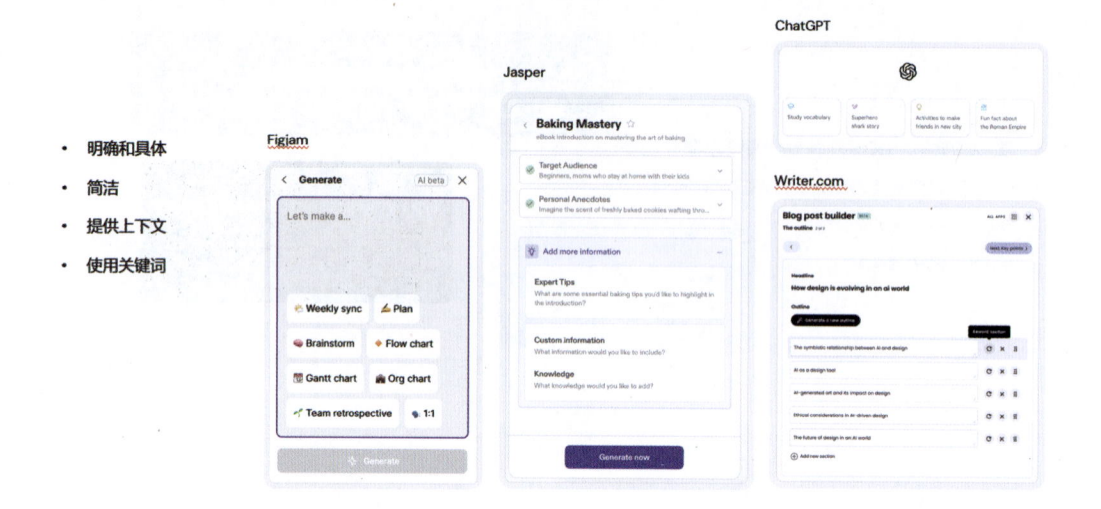

- 明确和具体
- 简洁
- 提供上下文
- 使用关键词

（4）输出。

GenAI 输出可以根据输入提示和参数进行高度自定义和个性化。通过调整提示和设置参数，可以生成符合特定需求的内容，确保生成的内容在语气和风格上符合品牌或个人要求。必要时，可以调整和修改生成器的输出以匹配所需的风格。如果初次生成的内容不完全符合要求，可以进行多次迭代。调整提示并重新生成，直到获得满意的输出。

- 自定义和个性化
- 语气和风格
- 反馈机制
- 输出优化

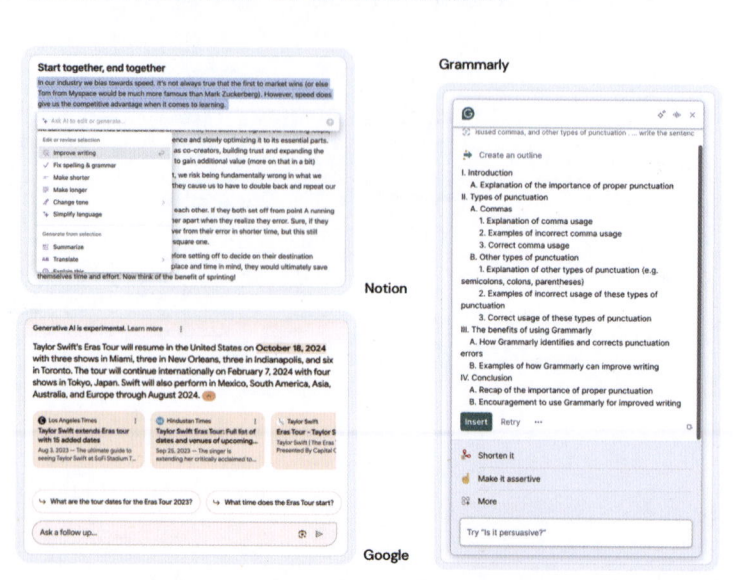

二、产品设计师必备的三大技能

1. AI 策略

许多设计师似乎对"策略"这个词心生畏惧，视其为一个遥远而复杂的概念。然而，产品策略其实是一个明确的行动方案，旨在解决客户的实际问题。在当前激烈的 AI 竞争环境中，这种策略对企业尤为关键。许多公司虽然积极验证概念、推出功能，但这些功能往往未能真正满足客户需求。

AI 的核心价值在于为用户创造独特的体验和实用价值。企业需要清晰定位需要哪些 AI 工具来实现这一目标。同时，在用 AI 重塑用户体验（UX）和客户体验（CX）时，企业应采取战略性思维，而不是把 AI 当作一个附加选项。实现这一策略的关键步骤包括：

- 深入理解客户或用户的需求；
- 掌握生成式 AI（GenAI）的基本概念；
- 精准识别哪些需求可以通过机器学习的独特能力来解决；
- 构想未来的 AI 体验，真正展示 3.0 版本的客户体验/用户体验（CX/UX）的强大潜力。

2. AI 交互设计

在 AI 时代，交互设计呈现出全新的特征。传统设计多采用预测性的线性路径，而如今，开放式互动与灵活路径的引入使得体验拥有了无限可能性。新的交互设计变得更加抽象，不再仅仅是基于固定的模式和 UI 组件的应用。它要求设计师深刻理解用户在体验开始时的期望，明确成功与失败的判断标准，同时警觉潜在风险或脆弱性。

谷歌的"People+AI"计划提出了设计 AI 交互时应关注的四大关键领域：

- 可接受的行为；
- 不可接受的行为；
- 不确定性阈值；
- 脆弱性。

这一框架为设计高效、可信赖的 AI 交互提供了有力的指导。

实现这一策略的关键步骤包括：

- 具备改进 AI 功能用户测试方法的能力；
- 能够清晰定义成功交互的标准；
- 理解交互设计中的新兴最佳实践。

这些条件要求专业人员不仅要熟悉传统用户测试方法，还需具备将其扩展和优化以适应 AI 独特特性的能力。同时，清晰定义成功的交互标准，并掌握通过设计原则和规范来引导高效、有效的 AI 交互，这些都已成为 AI 领域不可或缺的关键技能。

3. 模型设计

传统观念中，工程和设计领域泾渭分明。尽管优秀的设计师和工程师偶有跨界合作，但大多数时候各司其职。然而，随着自然语言处理的进步，我们如今可以直接与大型语言模型

（LLM）互动，大大缩小了两者的界限。设计师无须编写代码，而是可以通过指令明确告知模型其任务。这为设计师提供了一个独特的机会，即将他们对用户的理解和共情直接应用于 AI 模型。

我认为，设计师在编写指令方面的潜力甚至可能超过一般的工程师。设计师在分析复杂的用户需求并清晰表达这些需求方面积累了丰富的经验。不过设计师还需要具备一些先决条件：

- 理解设计在模型开发过程中的核心作用；
- 掌握编写有效指令（prompt）的专业技能；
- 对大型语言模型（LLM）的基本原理有一定了解。

这些条件要求设计师不仅理解设计对 AI 模型开发的价值，还具备实际编写指令的能力，了解 LLM 的基本工作机制。通过这些知识和技能，设计师能够更好地将设计理念融入技术实现，创造理想的用户体验。设计师应深入探索这一领域——AI 设计的重要性不会等待设计师追赶。

三、微软的设计战略

微软 Copilot 的设计战略主要围绕提升用户生产力、简化工作流程，并推动数字协作。它不仅是一个智能助手，还融入了多种人工智能技术，尤其是生成式 AI（GenAI），通过集成到 Microsoft 365 和 Teams 等产品中，提供有价值的智能功能。以下是微软 Copilot 设计战略的几个关键方面。

1. 无缝集成与用户工作流

微软 Copilot 的设计首先注重与现有工作流的无缝集成。它被嵌入用户已经熟悉的工具和平台中（如 Word、Excel、Teams 等），用户无须改变现有的操作习惯，即可体验智能助手的强大功能。这样的设计战略可以确保用户在不被干扰的情况下，享受 AI 带来的提升。

2. 自然语言交互

微软 Copilot 的设计战略包括支持自然语言的输入和交互，用户可以像与同事对话一样，与 Copilot 进行对话。这种设计增强了用户体验的直观性，让复杂的操作变得简单且更具亲和力。自然语言处理（NLP）技术使得用户能够通过简短的命令或问题，得到有意义的反馈和建议。

3. 智能助手与创意支持

微软 Copilot 不仅是一个生产力工具，它还着重提升创意和决策过程。设计战略上，Copilot 通过理解用户意图并生成高质量的文本、分析数据、制定报告、整理会议纪要等功能，帮助用户提高工作效率并进行创造性输出。

4. 个性化与上下文理解

Copilot 的设计战略还包括对用户行为、工作历史和个人偏好的理解。AI 能够根据用户的工作习惯和上下文进行个性化调整。例如，Copilot 会在用户需要时提供与当前任务相关的建议或自动生成内容。这种智能的上下文感知功能让用户感觉到 AI 不仅是工具，更是一个高效的工作伙伴。

5. 增强协作与团队效率

微软 Copilot 的设计还注重提高团队协作效率。通过对话式 AI、实时协作功能和自动化任务，Copilot 不仅能帮助个体提升效率，也能让团队成员之间的合作更加流畅。例如，在会议中，Copilot 可以自动记录会议内容、总结要点、生成任务列表等，从而提高会议的效率和成果。

总结来说，微软 Copilot 的设计战略不仅关注用户体验的便捷性和智能化，还通过对自然语言、个性化功能、协作增强和数据安全的深度融合，提供了一种强大的数字助手体验，旨在让用户更加高效、创新并无缝地融入工作流程中。

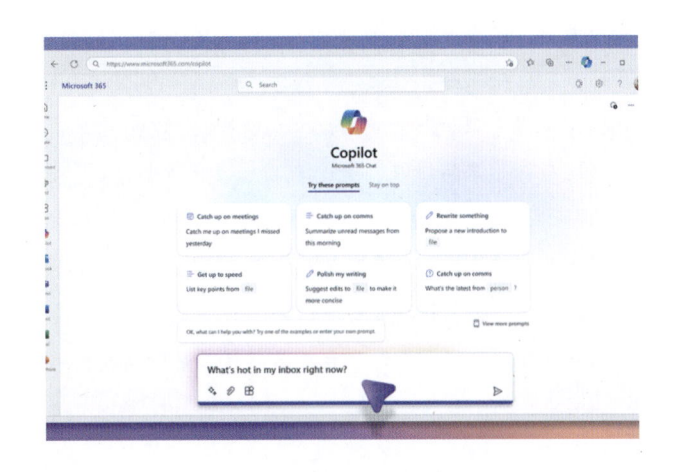

四、结论与展望

将人工智能整合到产品设计中，预示着创新、定制化和效率的新纪元。作为这一令人兴奋领域的专业人士和消费者，保持信息灵通、持续学习，并积极参与塑造一个负责任和符合伦理的 AI 至关重要。通过迎接这些挑战和机遇，我们可以确保 AI 不仅满足行业需求，也能符合社会更广泛的利益，创造出不仅功能优越而且深度契合人类价值观和需求的产品。

AI 会不会在不久的将来取代产品设计师呢？

尽管 AI 技术备受关注，但目前并没有完全取代产品设计师的趋势。在产品设计领域，设计师和 AI 各自发挥着独特作用。设计师的创造力和想象力是 AI 无法替代的，而 AI 则在辅助和提高效率方面大显身手，帮助设计师提升工作质量和效率。

AI 可以支持设计师的创意设计，利用机器学习和数据分析为其提供灵感和设计方案。通过输入关键词或需求，设计师能获得创新的设计方案。此外，AI 还可以自动化一些重复性任务，如渲染、建模等，节省时间，让设计师可以专注于创意工作。

虽然AI在产品设计中起到了重要辅助作用，但设计师的创造性思维和情感感知能力仍然是不可或缺的，以满足用户和市场需求。

AI在产品设计中的整合带来了革命性变化，不仅提升了设计流程的效率，还重新定义了设计的方式。AI在数据分析、用户行为预测和原型设计方面的能力，推动了个性化、高效且创新的产品设计，深刻改变了整个设计领域。

刘妍

拥有8年以上用户体验工作经验，目前在微软担任首席产品设计师，负责微软几个重点产品如Teams、Copilot等的用户体验和人工智能产品的开发。职责包括利用数据驱动方法提供个性化的用户体验，并在人机交互、人工智能等新兴领域探索应用潜力。从2018年开始，先后在独角兽创业公司Nextdoor、咨询巨头Boston Consulting Group、音乐龙头公司Spotify从事多项企业产品的设计和研究。

她在领导产品增长、塑造产品愿景和战略、制定有效的上市策略等方面磨炼了独特的专业知识，能够通过深入理解市场趋势和客户需求，为产品设定清晰的发展方向和目标，制定出具有前瞻性和可执行性的计划。此外，她尤其擅长设计0—1产品，有独到的见解和方法论，能够从无到有地创造出满足市场需求且具有竞争力的产品。

设计理念：好的设计是和商业与科技紧密结合，解决复杂问题并且为用户创造价值。

参考资料

[1] https://khrisdigital.com/ai-adoption-statistics/.

[2] https://36kr.com/p/2469875752130440.

[3] https://www.netguru.com/blog/artificial-intelligence-ux-design.

[4] https://business.adobe.com/cn/solutions/customer-experience-personalization-at-scale.html.

[5] https://micoope.com.gt/?s=16-best-ai-chatbots-in-2023-reviewed-and-compared-aa-25Jw7wUx.

[6] https://medium.com/@chow0531/design-of-artificial-intelligence-products-2919a448decd.

[7] https://www.shapeof.ai/.

[8] https://uxdesign.cc/the-3-capabilities-every-designer-needs-for-the-ai-era-e6cef9db2fd8.

[9] https://www.slideshare.net/slideshow/ai-strategy-canvas-v04/124278898.

第3章
方法与实践

09 共鸣设计——科学与审美的交汇，以小米SU7设计为例

○ 李田原

下文将分享小米汽车背后的设计故事，从一个独特的视角，即设计的角度，来深入探讨小米汽车这一新业务、新产品的诞生与成长。

当小米决定涉足汽车领域时，我们面临的首要问题便是：我们到底需要一个什么样的产品？对于设计部门而言，这个问题同样关键：我们到底需要一个什么样的设计？在与雷总的多次讨论中，我们达成了一个共识——我们希望做一个好看、耐看、经得起时间考验的产品。

这句话虽然简单，却蕴含了深刻的哲理。为了实现这一目标，我们并没有立即着手设计，而是先对汽车工业和汽车设计进行了深入的探讨。汽车工业已有100多年的历史，设计在汽车领域也并非新鲜事物。在这个漫长的历史进程中，许多产品应运而生，许多尝试也层出不穷。那么，在这历史的长河中，有什么东西是一直在变化的呢？又有什么东西是永恒不变的呢？

TECHNOLOGY, TRENDS HAVE BEEN CHANGING ALL THE TIME, IN SUCH A CHANGING ERA, HOW HAS CAR DESIGN BEEN AFFECTED? WHAT HAS CHANGED AND WHAT HAS NOT CHANGED?

技术、趋势一直在变化，在这样一个变化的时代，汽车设计受到了怎样的影响？什么变了，什么没变？

我们发现，有几个重要的点始终在推动着汽车革命和工业革命的进程。首先，人类的需求是在不断变化的。随着社会结构的演变、家庭关系的变化，以及个人对更高性能的追求，人类的需求始终在推动着设计和汽车的变革。其次，技术的革新也是推动汽车发展的关键因素。从人类发展的历史来看，技术每天都在更新迭代，为汽车的发展提供了源源不断的动力。最后，汽车能源的变更也是不可忽视的一点。从工业时代到燃油时代，再到电动时代，直到今天的智能电动车时代，汽车能源的变化始终在引领着汽车的变革。

然而，在这些不断变化的因素中，我们也找到了永恒不变的东西——人性、自然与科学的规律。这是人类发展史中永恒不变的主题，也是我们在设计小米汽车时的出发点。我们希望抓住事物的本质，从事物的本质出发去做设计。因此，在早期的时候，我们团队就达成了三个共识：

一是遵循科学的规律和自然的规律；

二是希望打造一个具有持久性的产品；

三是希望用户使用产品时不会有任何反直觉的体验。

接下来，我将从外饰设计、内饰设计以及色彩三个方面，简单分享我们是如何让这三个原则在整个设计流程中发挥作用的。

首先是外饰设计。外饰设计其实就是形态的设计。在电动车领域，形态的设计与燃油车有着本质的区别。电动车最核心的要素是能源，而电动车与燃油车在能源上的差异，导致了消费者在选择电动车时特别关心的几个点：续航、智能和安全。其中，安全与设计的关联最紧密，而效率则是影响续航的关键因素。影响效率的因素又分为风阻和重量两个方面，而风阻又与形态密切相关。

因此，在早期定义形态时，我们就明确了一个目标：实现风阻最优解。我们回到原点，思考小米汽车应该是什么样的形态。在探索过程中，我们发现了许多形态特征，也进行了大量的讨论和尝试。最终，我们找到了一个基本形态，这个形态既符合科学规律，又满足了用户对续航和效率的需求。

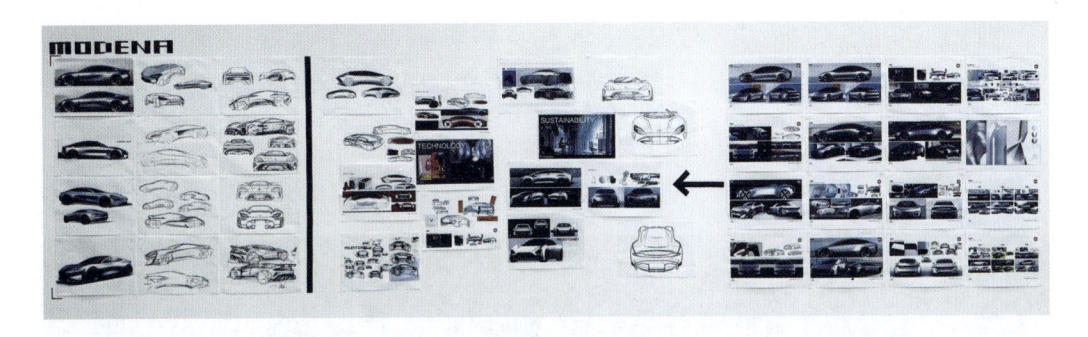

这个形态并非凭空想象而来，而是我们设计团队和工程团队通过摆模型、带到风洞试验室，并通过数学仿真软件得到的。在得到这个基础形态后，我们再通过科学的手段将其还原到车身上，得到了一个流动曲面的语言。这就是小米汽车外饰设计的核心所在。

在细节特征上，我们也同样遵循了科学设计的原则。比如后视镜的形态特征，就是经过风洞试验和仿真试验后得到的最优状态。而后视镜的形态与鹅卵石的形成有着异曲同工之妙，都是流体冲刷的结果。再如激光雷达的设计，我们为了降低风阻，采用了更小尺寸的激光雷达，并导入了 ITO 技术贴膜和整体 PC 成型技术，使得激光雷达前沿封面没有任何能够造成气流停滞的分缝线。

这些设计都体现了我们对科学设计的追求和对细节的关注。在外饰设计上，我们并没有做过多的人工干预，而是让科学的设计自然流淌在车身之上。

接下来是内饰设计。内饰设计其实就是一个空间的设计。我们首先考虑的是直觉——有光的地方更通透，外扩的空间更大。比如坐在一个方形的盒子里，如果四面墙都是向外的弧形，那么我们一定会感觉到这个空间很友好。基于这个原则，我们在内饰设计中大量使用了向外拓张的弧线，使得空间更加宽敞、舒适。

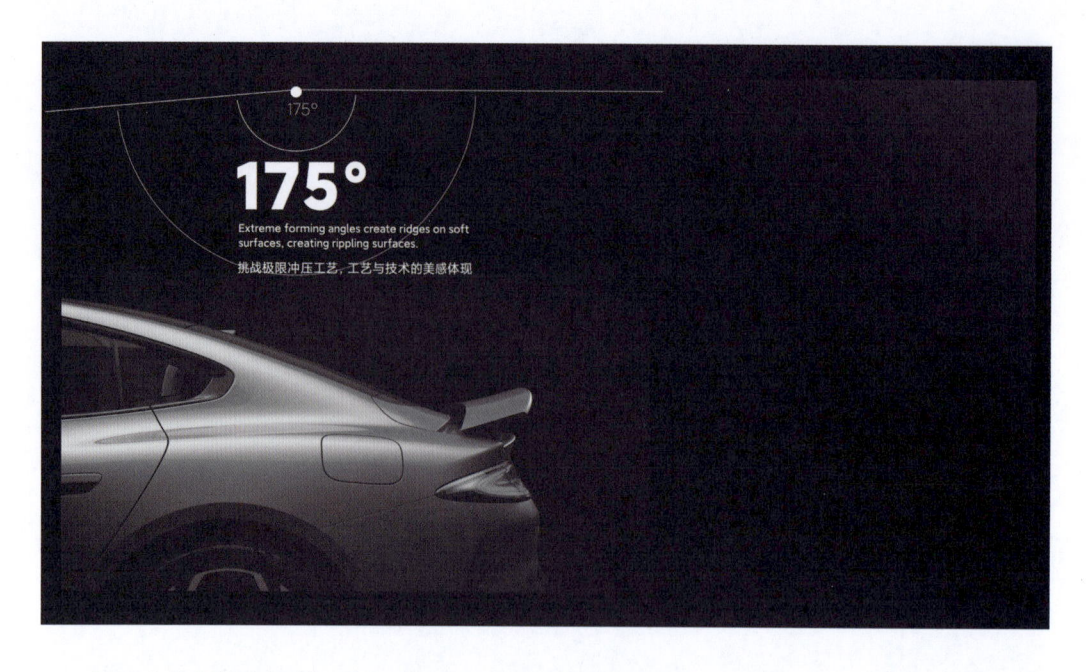

175°
Extreme forming angles create ridges on soft surfaces, creating rippling surfaces.
挑战极限冲压工艺，工艺与技术的美感体现

除了人使用的空间外，我们还保留了大量的储存空间。在小米汽车上，架构空间和使用空间的比例达到了 50：50，而一般车则停留在 40：60 的状态。这体现了我们工程团队和设计团队在做空间需求时的高度契合和默契。我们希望把能挖的地方全部挖开，释放给用户，让用户有更好的空间体验。

MULTIFUNCTIONAL STORAGE SPACE
整车车身布置与使用空间比例50/50

整车Y0截面 总面积=4.9m²
储物空间 截面积=0.9m² 占比18.4%
乘员面积=1.5m² 占比30.6%
机械系统空间=2.5m² 占比51.0%

在内饰设计上，我们还有一个重要的考虑点就是交互。在电动车时代，内饰设计逐渐屏幕化、大屏化、连屏化。然而，我们回想一下人类最直觉、最本能的交互方式，是通过一个毫无反馈的触控吗？显然不是。人类有触觉、听觉、嗅觉等基本的感受方式。因此，在小米 SU7 上，我们致力于实现直觉化的交互设计，在内饰设计中保留了物理按键，这些按键不仅提供了直观的触感反馈，还允许乘客在视线不离开路面的情况下进行盲操，大大提高了驾驶安全性。

在小米 SU7 的设计过程中，我们还提出了"人车家全生态"的战略理念。从手机到生态链业务，再到汽车，小米始终致力于打造一个完整的生态系统。在汽车上，我们不仅可以操控家里的各种小米设备，更在屏幕外面，做了物理的生态拓展，如手机支架、码表、氛围灯等，每一个配件的出发点，都是遵循从用户的需求出发，让用户在享受智能科技的同时，也能感受到更多的便利与乐趣。

在色彩设计上，小米 SU7 同样展现了独特的魅力。设计师们从大自然中汲取灵感，精心挑选了九种颜色供用户选择。其中，紫色的选择尤为引人注目。为了确定这一颜色，小米团队建立了严格的用研系统，通过多场调研来收集用户的意见。结果发现，紫色在女性用户中受欢迎度极高，同时也在男性用户中获得了不错的反响。这一结果打破了传统思维中女性用户偏爱粉色或可爱元素的刻板印象，证明了中性色同样能够赢得广泛青睐。

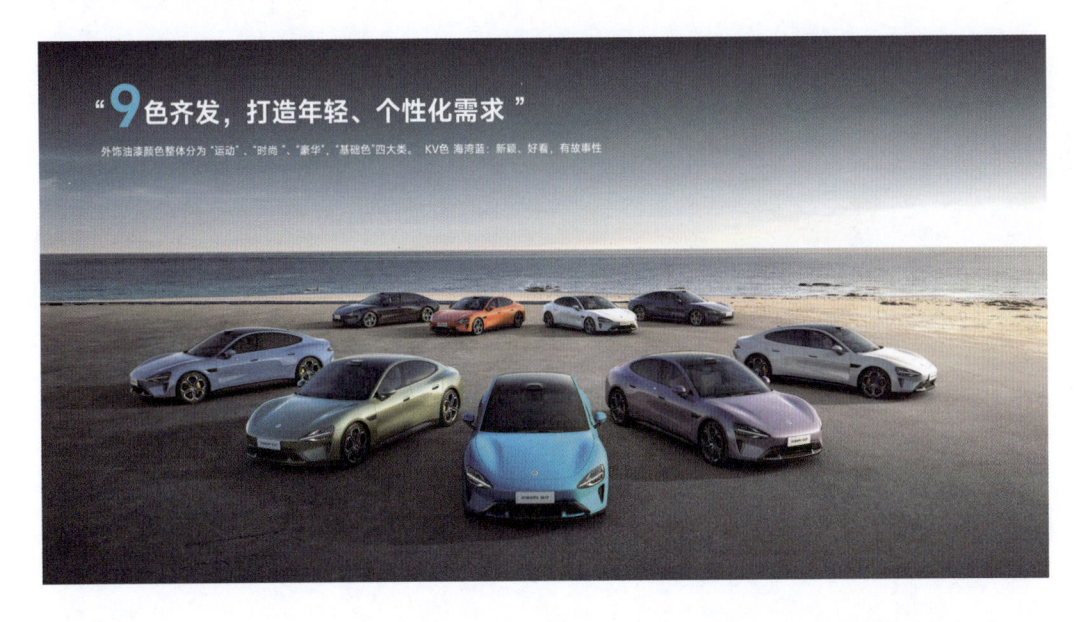

小米 SU7 的成功，不仅在于其卓越的产品性能，更在于其深入骨髓的用户思维。在整个设计与开发流程中，小米团队始终将用户放在首位，通过换位思考来洞察用户需求，从而打造出真正符合用户期待的产品。这种共鸣设计的力量，正是小米 SU7 能够在竞争激烈的市场中脱颖而出的关键所在。

在未来的日子里，我们将继续秉承共鸣设计的理念，不断探索、不断创新，为用户带来更多更好的产品体验。

李田原

2021年加入小米，担任小米汽车工业设计部总经理、首席设计师、小米集团设计委员会副主席。

2012年，他成为第一位加入宝马的中国汽车设计师，任职期间负责了宝马iX电动旗舰SUV的设计，重新树立了宝马i品牌新一代设计语言；负责了宝马i Vision Circular概念车设计，重新定义了宝马数字化双肾的未来方向；同时参与了宝马集团旗下MINI、劳斯莱斯等多个品牌的汽车研发设计项目。

他加入小米后，从0开始搭建了一支强大的设计团队。始终秉承以创新为主导的先进理念，坚持"科技融合艺术，审美源于直觉"的设计理念，完成小米汽车SU7车型及系列在研车型的造型设计与开发，未来将持续推动小米设计发展设计创新，助力科技创新，加强国际传播能力建设，吸引海外汽车人才看到中国新能源汽车发展新机遇，深度参与小米汽车高质量发展进程。

关于对人与车关系的感受与理解，他认为汽车设计不应该只是停留在视觉感官层面，而是要从需求出发，理解需求，理解人，车和人是有情感连接的。相信在当今设计同质化严重的年代里，找到汽车设计本质，审美的根基是关键，只有避开潮流去做设计，才能有时间的持续性。审美像是一个不断循环的圈，有时候向前走时需要往回看。

⑩ 为智慧而生的荣耀 MagicOS设计

○ 葛峰

我一直坚信，任何科技皆与魔法无异，而设计创新，则是科技的最高诠释。

当我们谈论 AI 智能时，我们不得不提到它对于设计行业的深远影响。在过去的几年里，我们见证了 AI 从最初的彷徨到逐渐找到规律的过程。在这个过程中，我们一直在思考，如何将这些先进的技术融入我们的设计中，为用户带来更好的体验。

首先，我认为不变的是以人为中心的设计理念，以及对于用户需求的关注。然而，随着科技的发展，我们需要更加深入地探寻用户的本质需求，通过科技的力量，为用户创造更大的价值。

下面主要基于 2024 年年初发布的 MagicOS 8.0，来谈谈我们在人机交互方面的一些探索和思考。在 MagicOS 8.0 中，我们实现了以意图交互为核心的人机交互方式，希望通过这种方式，引领下一代人机交互的潮流。

回顾人机交互的历史进程，从 20 世纪 60 年代的命令行交互，到 20 世纪 80 年代大家熟悉的图形用户界面，再到如今智能手机上的多点触控交互，每一次技术的革新都带来了交互范式的变化。而现在，智能技术正在孕育着下一代人机交互的方式，我们进入了一个从人去理解设备，到设备理解人的新时代。

在这个新时代里，荣耀从 2016 年就开始坚持探索基于意图识别、用户理解和意图决策的设计。我们希望通过 AI 的能力，为用户提供一个越来越懂你、个性化的 AI 操作系统。为了实现这个目标，我们不断演进我们的功能，运用平台化 AI 的能力，为用户提供更好的体验。

AI使能的全场景个人化操作系统

荣耀一直在探索基于场景感知，用户理解和意图决策的设计，打造越用越懂你的个人化智慧OS

2016	2018	2019	2020	2021	2022	2024
Magic Live 1.0	Magic UI 2.0	Magic UI 3.0	Magic UI 4.0-5.0	Magic UI 6.0	MagicOS 7.0	MagicOS 8.0
业界首创 AI服务找人	AI全能YOYO助手 智慧生命体	AI全能YOYO助手 AI提升效率和体验 人因设计	全场景智慧生活 更懂你的YOYO YOYO建议 智慧感知 科技有道，隐私至上	AI使能的全场景 操作系统 YOYO建议 荣耀互联 智慧分屏 Magic Live 智慧引擎	AI使能的全场景 个人化操作系统 YOYO升级 多意图组合卡片 翻腕扫码 FLOW Design 四大根技术 平台级AI	首次实现意图识别 人机交互 荣耀任意门 魔法大模型 灵动胶囊 全局管理 科技美学

传统的人机交互方式需要人为地去记忆步骤和操作过程，而基于意图的交互方式则是一个设备理解意图、完成服务推荐的过程。在这个过程中，智慧完成了意图的识别、决策，甚至完成了操作的过程，最终为用户呈现服务，让用户去选择。

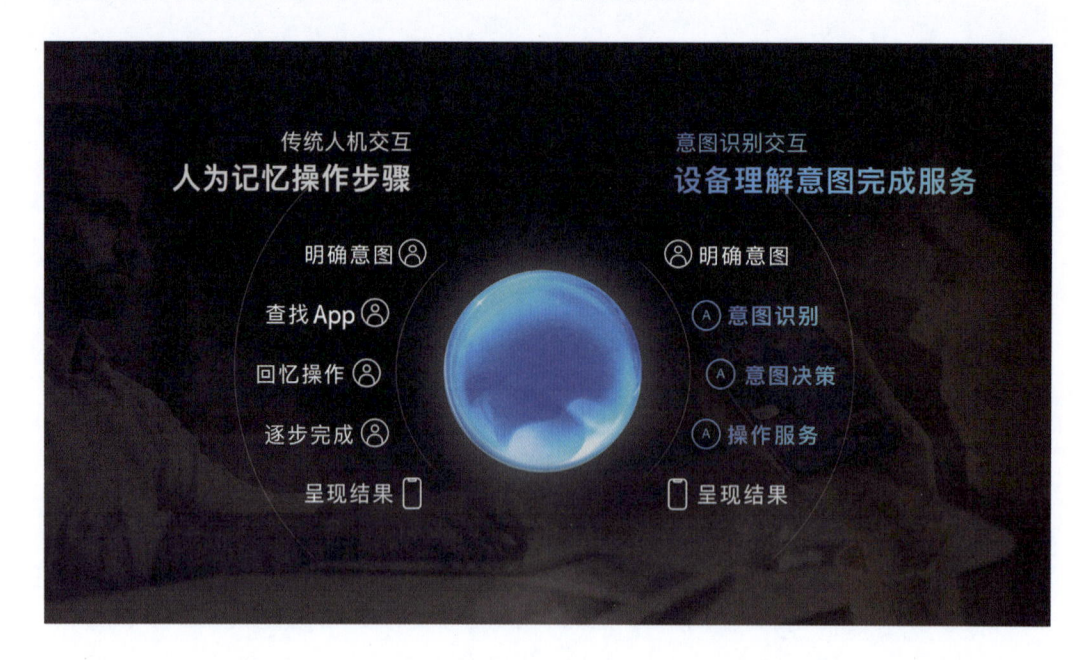

举个例子，当你要在包含一个地址的一段文字中找到这个地址去完成打车时，在以前，你可能需要一步一步地去完成，少可能需要五六步，多则可能需要七步以上。但是，在MagicOS 中，通过意图识别的技术，我们只需要将鼠标一拖一放，就可以实现服务直达，大大降低了操作成本，同时提升了交互效率。

这个看似简单的操作背后，蕴含着大量的技术能力和设计思考。我们需要打破人、环境、设备和 App 之间的边界，通过意图识别、语义理解、深度分析等技术手段，将识别出来的字段与用户的个人知识库相匹配，再通过机器运算的方式，为用户提取他最终想要的内容。

在 MagicOS 中，我们将这样的体验运用到了系统的方方面面。比如，你可以长按图片完成抠图，并便捷地分享；当你看到一段文字中有一个影片的链接，可以直接长按拖拽到对应的服务当中，就可以打开这个视频；在购物场景中，你看到一件想要购买的衣服，可以直接拖拽到淘宝、京东等购物平台，就可以查询到这件衣服在哪里可以购买。

基于意图的交互方式有以下特点：首先是动态的界面配置。我们现在看到的界面流程大多是静态的，每个人看到的都是一样的。但是面向未来、面向系统级的设计，每个人看到的界面都会根据你的意图、你的习惯而去变化。这样的话，它会为每个人提供一个最简洁的交互流程。同时，多模态的融合和优选也是其中非常关键的部分。此外，对于上下文的感知也是为用户提供千人千面界面的基础。

人智协同是近年来大家经常提到的一个话题。我们认为，人智协同非常关键的一点就是将以前被动式的交互转向主动式的交互。最后，我们还需要打破所有人、设备、环境和 App之间的边界，让彼此之间没有隔阂，才能最终提供一个完美的服务。

新一代交互范式：基于意图的设计
基于意图的设计体验特点

- 多模态融合与优选　更自然的交互
- 习惯/情景感知　更个性化的交互
- 动态界面配置　更精简的交互流程
- 人智协同　从被动到主动交互
- 人、设备、环境、服务的真正有机融合

我们始终认为，以用户需求为中心的设计理念是不会改变的。但是，设计方法却在持续不断地演进和变化。从人机交互的方式到现在智能人机交互，在人机关系、交互模式、用户界面、用户需求甚至设计导向方面，都有非常大的变化。比如，以前更多的是用户单向的输入，而现在需要用户和机器双向的输入；以前更多的是通过平面的界面去表达，而现在空间的交互、对话式的交互已经很好地运用在我们的设备当中。

智能时代人机关系与交互模式的演变

	HCI 传统人机交互：基于命令的设计			iHCI 智能人机交互：基于意图的设计		
人机关系	用户单向式	"刺激-反应"	计算机被动执行	人机双向式	协同与合作	AI主动智能
交互模式	物理属性感知	单模态精准输入	用户预设+自动化	习惯/情境感知	多模态模糊推理	自主建议/执行+有效反馈
交互界面	"显式"交互	平面界面为交互载体		"隐式"交互	空间交互	对话式交互
用户需求	效率	安全	有用性　易用性　流畅性	公平	可解释性　可信赖	情感化　个人化
设计导向	技术+用户体验导向			技术、体验、伦理三位一体		

因此，我们需要去关注整个行业中的那些变与不变，才能更好地满足未来用户的诉求。基于意图交互的设计理念，是我们整个 MagicOS iHCI 的顶层理念当中的一部分。我们还需要去关注整体的流畅性，为用户在总交互成本上带来领先体验。同时，我们还需要从真正的

软硬件融合出发，打造差异化的体验。

除了交互的部分，我还想谈谈大家从用户角度非常关心的一个话题——情绪价值。自从疫情以后，大家都在谈论一个词叫"治愈"，渴望被治愈。我们生活在一个快节奏、高压力的社会环境中，每个人都在寻找那份能让自己心灵得到慰藉的力量。作为一家终端设备厂商，荣耀希望通过我们的设备，提供给用户更多的情绪价值、更多的自我表达空间。

我们注意到，近年来，大家越来越提倡一种"松弛"的生活方式。这种松弛，不仅是对身体的一种放松，更是对心灵的一种滋养。因此，在荣耀的产品设计中，我们特别注重融入这种温暖、自然的元素，让用户在与产品的互动中，能够感受到一种治愈的力量。

以我们的小折叠产品为例，这款产品不仅具有极高的实用性，更蕴含了丰富的情绪价值。它面向的主要是女性用户群体，因此我们在这个产品上叠加了更多的时尚元素，让交互过程更加自然、温暖。比如，我们将毛毡这种时尚元素与重力感应相结合，当用户搭配使用我们的外设配饰时，能够更好地符合使用过程，带来一种全新的、随心的交互体验。

此外，我们还推出了荣耀的宠物家族，希望这些可爱的宠物能够在用户的手机中长久陪伴，成为他们情感寄托的一部分。这些设计，都是我们为了给用户提供更多情绪价值而做出的努力。

在人机交互的未来发展中，我们还需要关注整体的流畅性和模糊心智等概念。这些概念旨在为用户在总交互成本上带来领先体验，并通过软硬件的深度融合打造差异化的体验。我们希望通过这些努力，让用户在与产品的互动中感受到更加自然、流畅的体验。

当然，在追求人机交互的创新的同时，我们也没有忘记科技产品的本质——解决用户的问题。我们始终坚信，任何科技产品的设计都应该从用户的角度出发，满足用户的诉求。因此，在荣耀 MagicOS 的设计中，我们特别注重用户需求的挖掘和满足。我们希望通过智慧的力量赋能美学，帮助用户更好地感受到生活的美好。

为了实现这一目标，我们不断探索新的设计手段和技术手段。比如，在色彩、材质、图形、排版、字体等设计元素上，我们不再仅仅追求形式上的美感，而是更加注重它们背后的设计主张和价值传递。我们希望通过这些设计元素，传达出产品的特性和价值感受，让用户在使用产品的过程中得到更多的满足和愉悦。

同时，我们也认识到，科技产品不仅仅是消费品，更是精神生产力的工具。它需要我们去解决用户的期待和信息过载的问题，守护这个数字世界的纯粹。因此，在荣耀 MagicOS 的设计中，我们特别注重信息的筛选和呈现方式，力求让用户在使用过程中能够轻松获取所需信息，减少不必要的干扰和负担。

最后，我想说的是，科技之所以称之为科技，并不仅仅在于它能够帮助我们回忆过去或复刻经典，更在于它能够启迪未来。在荣耀 MagicOS 的设计理念中，我们始终将启迪未来作为重要的使命之一。我们希望通过数字化的表达，将那些不被人发现的细节赋予无限遐想，并赋予产品令人向往的外表。我们相信，智慧将是未来十年最令人激动的数字形态之一，而科技与设计的融合则是这种艺术形态背后的灵魂。

葛峰

现任荣耀UX设计部部长，主导荣耀MagicOS的用户体验设计工作。秉承FLOW DESIGN的设计理念，以人为中心，打造智慧化、互联化、生态化、更懂你的MagicOS。曾任华为终端UXD北京设计团队负责人、360手机用户体验设计部部长、EICO设计总监。从事用户体验设计工作15年以上，参与与主导众多国内一线公司的移动应用、智能终端、共享经济、智能驾舱等设计工作。

设计理念：设计是要创造性地解决问题，做出超越用户预期的体验，在不增加用户使用负担的前提下，提供自然贴心的服务，从而占领用户心智。

11 数字化医疗场景下的体验创新

○ 佟瑛

非常荣幸能够与大家分享一个既熟悉又陌生的领域——医疗行业的数字化医疗场景体验创新。我是来自医疗行业的从业者，一个在产品设计与创新道路上不断探索的践行者。今天，我将借此机会，与大家一同探讨医疗行业的发展与动态，以及我们在数字化时代下面临的挑战与机遇。

首先，我想分享一下我个人与 IXDC 共同成长的历程。IXDC 这个与我相伴十五年的老朋友，见证了我从消费类电子到家电行业，再到医疗行业的转型与成长。这三个阶段，不仅是我个人职业生涯的缩影，更是产品创新与设计创新不断演进的过程。在这个过程中，我始终坚信，我们并不仅仅是在做产品的创新或设计的创新，而是在追求一种更为深远、更为根本的体验创新。

在消费类电子和家电行业，我曾在感性中寻找理性，努力放大用户的情绪价值，打造视觉爆品。产品的迭代速度飞快，每一次的创新都试图触动消费者的心弦。然而，当我踏入医疗行业时，我发现自己仿佛进入了一个截然不同的世界。在这里，理性占据了主导地位，因为医疗与健康、生命息息相关。作为后加入的医疗行业创新者与设计者，我深知自己需要花费大量时间去了解临床、熟悉法规，在容错率几乎为零的产业下寻求新的突破。

医疗行业，在我看来，是一个进窄门、走远路、见微光的行业。它需要我们每一个从业者孜孜不倦地做着"小蚂蚁"的工作，一点一点为创新添砖加瓦。而在这个过程中，我们也在不断探索着如何适应这个瞬息万变的世界，如何利用新技术推动行业的变革。

当今世界正处于百年未有之大变局，我们面临着诸多不安与不稳定因素。无论是战争、疾病，还是刚刚过去的新冠疫情，都在不断地挑战着我们的底线。然而，正是这种挑战，催生了新技术的出现，为行业的创新带来了新的机遇。基因编辑、AI 人工智能场景、生物 3D 打印……这些曾经遥不可及的技术，如今已经或正在逐步改变我们的医疗方式。

尤其是 AI 技术，它作为扩展人类无限可能的工具，已经接入我们的创新之中。在医疗数字化时代，AI 以前所未有的速度推动着行业的发展，为我们寻找着创新之路与医疗服务之路。而在这个过程中，数字化场景的创新成为了医疗领域生动的体现。

传统的医疗模式面临着诸多挑战。就医过程中的排队等待、未知产生的焦虑与情绪波动，都让我们深感疲惫。然而，数字化技术的出现，为我们提供了改变这种体验的可能。通过在线预约、分诊、远程与医生的沟通以及实时上传健康数据，我们可以更快地建立起长期健康状况的数字化文档，优化了一半以上的等待时间。现在，越来越多的医院尤其是互联网医院，已经让我们可以在家中就完成所有的诊疗与线上支付。

然而，在优化体验的过程中，我们也承载了更多的数据源。这些数据在与医院、医生产生交互的同时，也在发生着数据之间的交换关系。而这些大数据，将为医疗带来哪些新的机会呢？

首先，从数据源来看，据 2020 年的不完全统计，我国三甲医院的基础医疗数据使用量不足 20%。这意味着我们的数据量不仅没有动起来，更谈不上资产化或资本化。其次，从医疗行业的发展趋势来看，"AI+ 医疗"的方式带来了新的商业化的变现途径。自 2019 年开始，"互联网 + 医院"呈现出了快速增长的势头。此外，医疗资源的不对等也是我们需要解决的问题之一。一方面，每年都有大量的医学毕业生面临毕业即失业的现状；另一方面，我国还存在着 50 万个乡村医生的庞大缺口。如何利用数字化的方法去解决这种不平衡的匹配问题，是我们需要思考的问题。

同时，随着人口老龄化的加剧，我们进入了一个银发经济的空间。这是一个巨大的红利体。欧美国家在养老产业的 GDP 占比已经高达将近 30%，而我国目前仅为 8%。这意味着未来的潜力是巨大的。在这个新的机会当中，我们又能做哪些创新呢？

在我看来，智能化的价值最终将体现在效率和正确率这两个方向上。同时，医疗产业的开发周期将随着 AI 的介入而进入到一个"AI+X"的时代。各行各业都将面临着 AI 带来的创新模式的挑战。对于设计师来说，我们进入到了一个"AI+Design Thinking"的时代。AI 提供了大量的效率和高强度的运算准确率，而设计师则拥有强大的创造力。"AI+Design Thinking"将为我们的设计师在下一个时代中迎来更大的机会。

从医疗的整体周期来看设计师的变化，我们会发现设计师在不同阶段扮演着不同的角色。从立项到产品策划，再到项目评估及产品上市后的反馈，设计师始终参与其中并发挥着重要作用。然而，在与软件工程师、产品经理、开发工程师合作的过程中，设计师往往会遇到"不能"的阻碍。这时，AI 就提供了一个非常好的基础。当软件工程师或开发工程师说"不能"的时候，设计师可以通过 AI 告诉他们"怎么能"。

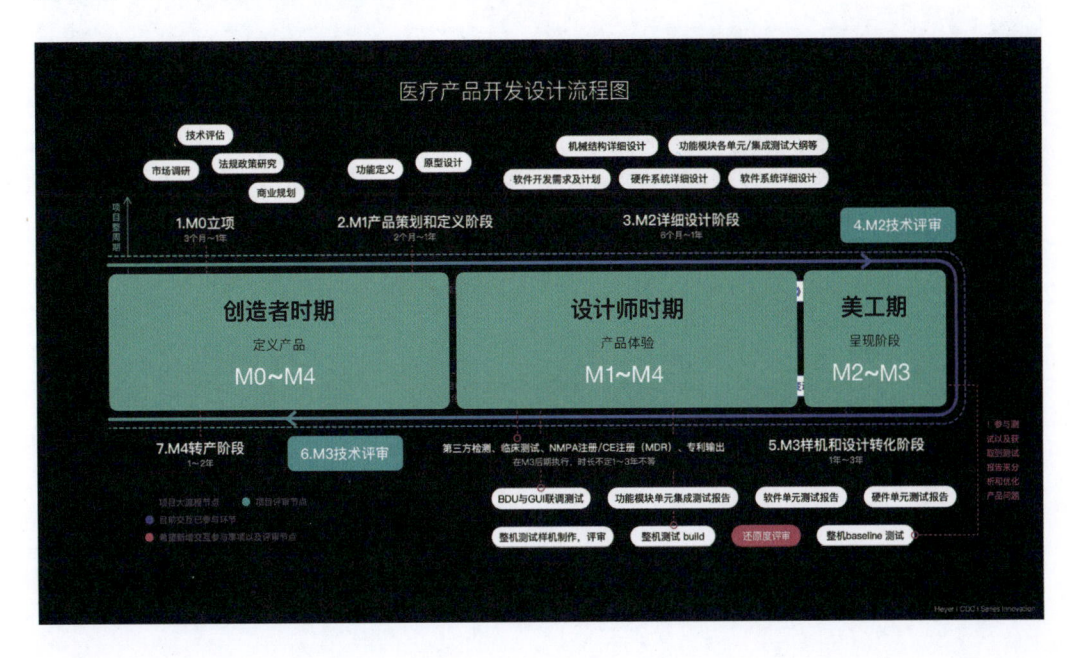

此外，新的交互模式也在不断地涌现。从虚拟现实（VR）到混合现实（MR）的技术呈现，为我们的医疗领域带来了更多的可能性。MR技术在医学领域的应用包括药物导航、手术导航等无损检查方式，为医疗带来了革命性的变化。这些技术不仅提升了医疗设备的交互性，更使得医生与患者之间的沟通变得更加直观和高效。例如，在手术导航领域，MR技术能够实时呈现患者的三维影像，帮助医生精准定位病灶，大大提高了手术的准确性和安全性。同时，患者也能通过这些技术更直观地了解自己的病情，从而更好地配合治疗。

在数字化医疗场景下，新的交互方式还体现在远程医疗服务的普及上。通过互联网和移动设备的连接，患者可以在家中就能享受到专业的医疗服务。这种远程医疗服务的出现，不仅极大地节省了患者的时间和精力，还使得医疗资源得到了更加合理的分配。医生可以通过视频通话、在线问诊等方式，实时了解患者的病情，并提供针对性的治疗建议。这种即时、便捷的交互方式，无疑为医疗行业注入了新的活力。

然而，新的交互方式也带来了新的挑战。如何确保医疗数据的安全性和隐私性，如何避免医生过度依赖新技术而忽视临床经验，都是我们需要思考的问题。在这个过程中，AI技术的引入为我们提供了新的解决方案。AI可以帮助医生快速分析大量的医疗数据，提供精准的诊断和治疗建议。同时，AI还可以通过机器学习不断优化自己的算法，提高医疗服务的准确性和效率。

数字化催生新的机会，AI加速了创新的效率。

过程算法　法律责任　隐私安全　情绪价值
适应性不足　　容错率　　过度依赖

——调研自读安互联网医院

但值得注意的是，AI并不能完全取代医生。医生的同理心、人文关怀以及丰富的临床经验是AI无法替代的。因此，在新的交互方式下，我们需要更加注重人机协作，让AI成为医生的得力助手，而不是替代品。

在数字化医疗场景下的体验创新中，我们还需要关注患者的心理需求。就医过程中的物理痛苦可以通过医疗技术来缓解，但心理痛苦却需要更多的设计手段来安抚。因此，我们需要通过设计来创造一个温馨、舒适的就医环境，让患者在就医过程中感受到更多的关怀和尊重。

基于以上思考，我们团队开发了一款名为"智湖"的医疗场景产品。这款产品通过3站

3端的全覆盖，将医院内所有的床旁监护设备连接起来，形成了一个强大的信息网络。医生可以通过中央站实时了解患者的病情，患者也可以通过云端和App端随时查看自己的健康数据。同时，"智湖"系统还提供了远程培训、监控等功能，为家庭诊治提供了有力的支持。

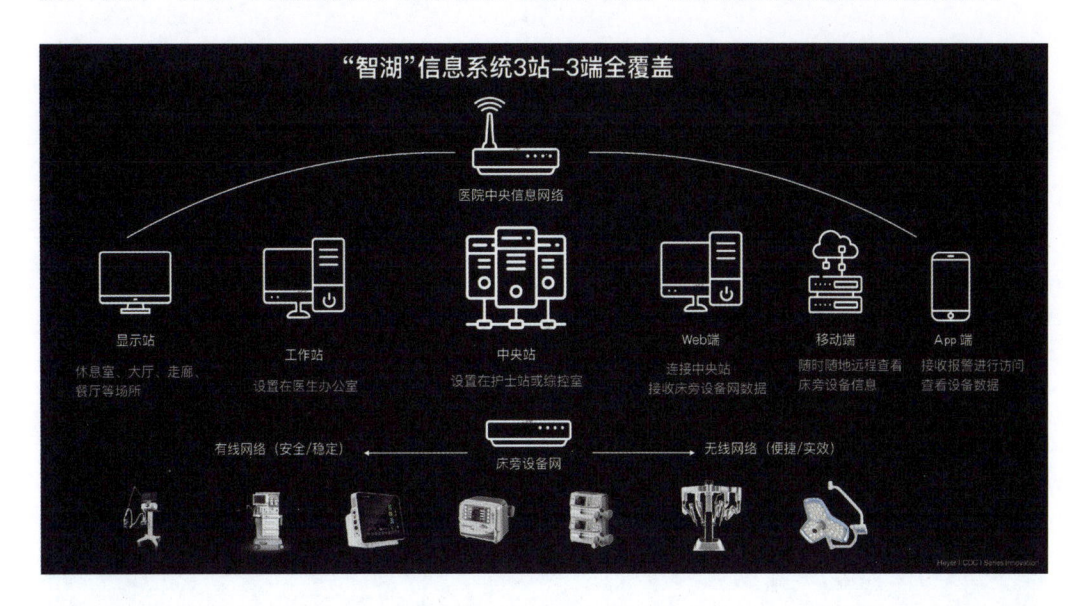

"智湖"系统的出现，不仅提高了医疗服务的效率和准确性，还使得患者在家中就能享受到专业的医疗服务。这种全新的就医体验，无疑为医疗行业带来了新的发展机遇。

总之，数字化医疗场景下的新交互方式为医疗行业带来了革命性的变化。我们需要不断探索和创新，将新技术与人文关怀相结合，为患者提供更加优质、高效的医疗服务。同时，我们也需要关注患者的心理需求，通过设计来创造一个温馨、舒适的就医环境。在未来的发展中，我坚信数字化医疗将会为我们的生活带来更多惊喜和改变。

佟瑛

现任谊安集团高级副总裁、集团创意研究院院长、国家级工业设计中心负责人。负责整个谊安集团品牌策略与产品设计创新的顶层规划。职责包括工业设计、交互体验设计、结构开发设计、品牌视觉设计、平面包装设计、新媒体影像数字设计、医疗空间设计、用户洞察与研究。从企业CI到品牌VI，再到产品PI及店铺SI，掌控集团品牌策略。光华龙腾中国设计业十大杰出青年、全球三大设计奖项（红点/IF/IDEA）金奖获得者。前美的生活电器创新设计中心设计总监、美的创新生态链负责人，LG中国设计中心前负责人。

多模态模型设计工艺实用化的 AIGC规模实践与启示

○ 董腾飞

随着AIGC技术的飞速发展,设计行业正经历一场前所未有的变革。本文基于我在2023年和2024年国际体验设计大会上的分享,从专业角度深入剖析了AIGC技术如何深刻影响创作方式与工作流程的转变,以及这种变革如何推动设计从传统到现代的跨越式发展。文章通过对百度创作者的实践经验分析,展示了AIGC如何提升创作者生产效率、优化内容创作与运营流程,并探讨了未来设计产业如何与技术共同发展,进入所谓的"设计文艺复兴"时代。通过这一过程的分析,希望为设计师、技术人员和企业管理者提供思考与行动的指导,帮助他们在这场变革中找到适合与创新的路径。

2023—2024年百度AIGC相关事项概述

一、AIGC技术的崛起与设计行业的未来

1. AIGC的核心技术背景与发展趋势

AIGC(Artificial Intelligence Generated Content)即人工智能生成内容,它是通过机器学习和深度学习技术,自动或半自动地生成文本、图像、音频、视频等多种形式的内容。近年来,随着Transformer模型和Diffusion模型等技术的突破,AIGC的能力迅速提升,从最初的自然语言处理扩展到跨模态生成,标志着AI在内容创作中的广泛应用

成为可能。

多模态生成模型的出现，打破了传统设计的界限，它不仅是生成图像或文本，更重要的是提供了一种新的工作方式，将技术与创意深度融合。这些技术的发展，不仅为创作者提供了新的工具，还为整个设计行业带来了思维方式和工作流程的变革。

2. 设计行业的变革：传统与未来的碰撞

过去的设计通常依赖人工手工操作，设计师依赖个人经验和直觉来创造满足需求的产品。然而，随着 AIGC 技术的普及，设计开始向着自动化、数据驱动的方向发展。这种变化不仅影响了设计的过程，更深刻地改变了设计的内容和目标。

AI 的应用首先在内容生成方面得到广泛应用，如文本自动生成、图像和视频生成、音频创作等。更进一步，AI 被用于优化设计流程，自动化许多烦琐的重复任务，帮助设计师将更多的精力集中在创意层面。如今，AIGC 正在逐步改变创作方式，包括从 UGC（用户生成内容）、PGC（专业生成内容）到 AIGC（人工智能生成内容）的转变，形成了全新的创作生态。

二、设计师的 AIGC 实践与应用

1. 初步探索：AI 助力创作生产力提升

2023 年 1 月，我回到百度后，负责创作者在百度平台的创作与运营工作，特别是在 AIGC 技术的应用场景上。在体验设计团队，这一阶段的重点是推动 Midjourney Pro 等 AI 工具的全面使用，通过 AI 生成技术，设计团队能够大幅提高创作效率。例如，在品牌设计与运营方向的应用中，AIGC 不仅为创作者提供了更快的创作方式，还能够根据历史数据优化创作流程。我们的团队实现了设计需求交付数同比提升 30% 的目标。

百度AIGC 内部AI工作流——运营&品牌设计

百度AIGC 内部AI工作流——运营&品牌设计

通过数据跟踪与分析，我们还能够看到，AIGC 技术不仅提升了创作效率，而且更有效地满足了积压的未完成需求，尤其是在内容生成的数量上取得了显著突破。然而，尽管交付数量增加，交付质量的提升仍然是一个挑战，AI 生成的内容往往在创意与执行的精准度上无法完全达到预期，这一问题的解决仍需依赖人工审核与调整。

2. 深入应用：AI 特效与 UGC 牵引

2023 年 9 月，百度世界首次发布了基于 AIGC 技术的 AI 特效玩法，进一步推动了 UGC（用户生成内容）的发展。这一 AI 特效玩法通过模型驱动技术，帮助用户生成个性化的视觉效果，提升了用户创作内容的趣味性与互动性。虽然这一产品的 ROI（投资回报率）仍然低于预期（ROI<1），但它为 AIGC 技术的商业化开辟了新的思路，尤其是在用户生成内容和商单牵引方面，展现了潜在的增长空间。

百度 App AI 发布器——特效玩法

百度 App AI 发布器——特效玩法

我们将这一探索视为设计与技术结合的第一步。通过 AI 特效玩法的发布，我们不仅推动了创作者参与度的提升，还为 AI 在创作中的应用探索了新的方向。未来，随着技术的进一步成熟，这类功能必是平台创作者生产的新标配。

3. 新的生产关系与工作流的定义

在 AIGC 技术的深度应用中，团队逐步构建了一种全新的工作模式。这一模式的核心是 AI 与人类创作者的协作，而非简单的工具辅助。在这一过程中，AIGC 的引入不仅改变了创作流程的效率，还重新定义了创作者的角色与责任。我们为这个新的工作流设定了标准化流程，从创意生成到效果审查，再到最终交付，这一过程中的每个环节都可以通过 AI 进行优化与加速。

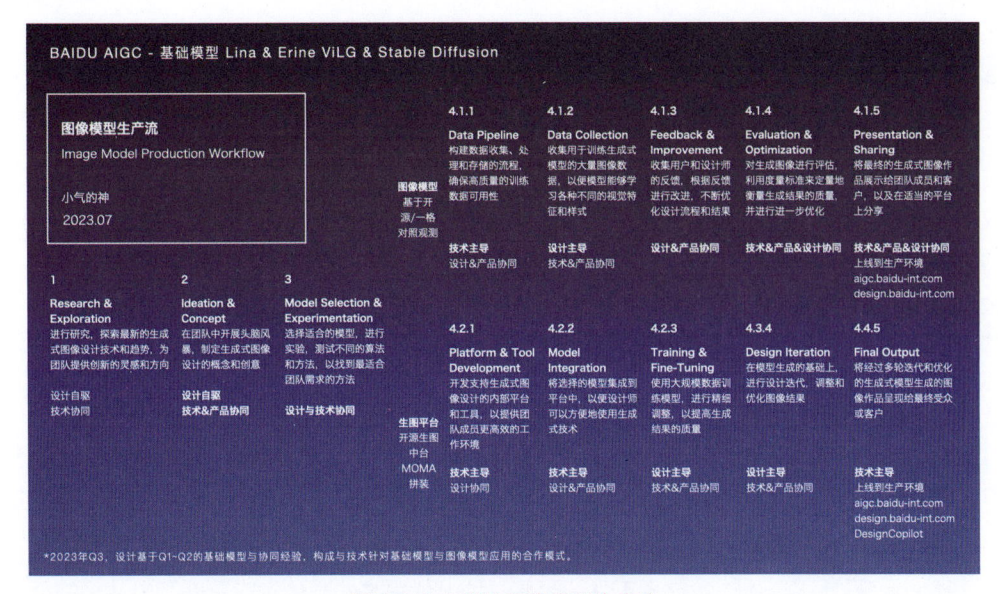

百度AIGC 设计图像模型生产流

这种新的工作流将人类创意与机器生成相结合，通过实时反馈机制不断调整设计方案，确保创作的高效性与质量。同时，AI 的参与还能够降低人类创作者在重复性任务上的时间消耗，使他们能够专注于更具创造性的工作。

三、AIGC 设计的未来：技术、创作与社会的联动

1. 设计的"文艺复兴"：AI 与社会的深度连接

如果从历史的角度来看，AIGC 的崛起为设计行业带来了一场"文艺复兴"式的变革。过去，设计和技术之间的距离较远，设计师更多依赖直觉和经验，创造力的发挥往往受限于技术的可操作性。而如今，随着 AIGC 的技术赋能，设计师与技术的关系变得前所未有地紧密。我们正在经历的不仅是工具上的革命，更是创作方式、思维方式的全方位变革。

设计不再仅仅是美学的呈现，它开始成为一种社会、文化乃至经济的驱动力。设计师不再是单纯的创作者，而是变成了社会与技术对话的桥梁，他们既是技术的使用者，也是技术发展的推动者。

2. 面临的挑战与反思：AI 的伦理与社会责任

尽管 AIGC 技术为设计带来了巨大的潜力，但也引发了一些伦理与社会责任的问题。例如，AI 生成的内容可能存在偏见、歧视或侵犯隐私的风险，这些问题亟待行业规范与技术改进。作为设计师，我们不仅要关注技术的应用效果，更需要思考如何在技术应用中确保公平、透明和社会责任。

未来，设计师需要在 AI 的使用中保持敏锐的伦理意识，确保 AI 技术的正向影响。通过建立合适的审查机制和伦理标准，设计师可以帮助推动 AIGC 技术的健康发展，避免技术滥用。

3. AIGC 的广阔前景：人机协作与创新的未来

AIGC 技术不仅为设计师提供了新的工具，它还为整个设计行业带来了跨越式的发展机遇。未来，设计师将与 AI 更紧密地协作，探索新的创作领域，如智能家居、个性化医疗、可持续设计等。AI 将成为设计师的创造伙伴，推动人类社会的持续创新。设计行业将不再是一个孤立的领域，它将与其他行业、其他领域深度融合，共同推动社会进步和技术革新。设计的未来将是人类与 AI 协同创造的未来，充满无限的可能。

四、回归设计本质：生产力与想象力的平衡

1. Prompt 设计成为关键任务

在 AGI 与 AIGC 的奇点临近时，设计师的焦虑并不在于技术是否会取代设计，而在于如何明确自己的价值定位。当前设计领域的基本原理与方法，已构成 AIGC 时代的核心能力基础。设计师的关键任务，是通过掌握 Prompt 设计，回归并专注于想象力的实践与表达。

Prompt 设计不只是技术交互工具，更是一种设计思维的载体。它承载了设计师的创造

力，将模糊的想法转化为明确的输出。在这个过程中，设计师通过告白与提问的方式，推动生成式工具输出有意义的结果，连接技术潜力与人类情感。

2. AIGC 设计的四大课题

（1）应对抗解问题。AIGC 的不确定性体现为"抗解问题"，即没有明确边界或规则的复杂设计挑战。这要求设计师从"准主题"出发，以开放的态度探索潜在解决方案，并通过不断迭代找到最优路径。

（2）可供性与 AI Native 设计。AIGC 功能的有效传达需要依赖清晰的可供性和 AI Native 设计。可供性帮助用户直观理解新技术如何被使用；AI Native 设计将 AI 功能无缝融入产品，使其自然成为用户体验的一部分，而非独立的附加功能。

（3）增强情感与故事讲述。技术驱动的设计若缺乏情感与故事元素，将难以引发用户的共鸣。通过讲故事，设计师不仅能使技术生成内容更具吸引力，还能将复杂概念转化为易于理解的生动叙述。

（4）技术伦理与社会责任。在技术广泛应用的同时，设计师需关注偏见、隐私及心理影响问题。确保 AIGC 的输出尊重用户福祉，是设计师不可忽视的责任。技术的快速发展为设计带来了无限的可能性，但真正的创新不仅是技术的呈现，更是将其转化为与人类生活相关、有用且愉悦的形式。设计师需要通过合理利用 AIGC，推动幸福感的提升，使设计服务于人类福祉。

五、设计师的未来：创新与人性化的回归

未来的设计师角色，不是被技术取代，而是通过设计赋予技术以意义。设计师应专注于技术与情感的平衡，在复杂与不确定中为用户创造价值。我们需要在喧嚣中保持内心的平静，以专注与创造力回应时代的呼唤。正如鲍德里亚所述：真实与虚拟的界限正在模糊，而设计师的任务正是为这片混沌注入意义与秩序。

董腾飞

百度移动生态事业群产品设计师。拥有 14 年设计经验。当前在百度负责内容生态用户体验设计，统筹内容生态策略产品、人工智能创新产品、内容生态运营等设计工作。曾就职快手，负责协同办公、云、基础技术等设计部门。曾负责百度浏览器、地图、研究院等设计及 RDRN 等。近期兴趣在 AGI 与 AIGC 技术的实用化。

设计理念："简单极致"。创造极致用户体验的同时赋能商业，推动设计价值和影响力，让生活因设计而更美好。

13 生成式AI在生产力工具的应用和设计思考

○ 刘彦良

我曾在台湾趋势科技工作，后来转战天猫超市负责设计工作，接着又加入了腾讯公益。而现在，我在微软负责 Teams 产品的设计。我们微软中国团队，又称 Studio 8，分别在北京和苏州。我们的愿景是"为地球上的每一个人和每一个组织带来光明与爱"。微软是一家重视生产力工具的公司，而我们负责的产品也都偏向于生产力工具，包括 OneDrive、Skype、SharePoint、Outlook、Teams、Forms，还有 Bing 和一些 Excel 功能。

今天，AI 技术的应用其实非常广泛，渗透到了各行各业。通过生产力工具上的实践案例我观察到了一些现象，我想强调以下四个关键点。

1. 交互形式的变化

随着大语言模型技术的诞生，将迎来全新的对话式用户体验。微软的 Copilot 产品，通过将 ChatGPT 整合其中，实现了对话式的交互体验。想象一下，只需简单指令，AI 就能帮你撰写邮件、总结群聊，甚至自动生成会议纪要。这种交互方式极大地提升了用户的操作便捷性和效率。

2. 设计的可能性增多

以往，我们的设计目标主要聚焦于优化体验和业务赋能。但在 AI 技术的推动下，我们的设计目标已经扩展到了三个方向：Augment（增强）、Replace（替代）和 Re-imagine（重塑）。

在增强方面，Copilot 等工具显著提升了内容生产效率，如自动生成高质量邮件和文案，以及在群聊和会议中快速总结对话；在替代方面，微软的 Recap 工具革新了会议记录方式，通过自动录屏、转译及纪要总结，彻底取代了人工记录；在重塑方面，AI 则通过实时美化会议背景、提供实时翻译等功能，极大地丰富了会议体验，促进了工作与沟通的高效与便捷。

3. 北极星设计（Northstar Design）

这是一个对于产品最终形态的畅想。在 AI 技术快速发展的背景下，设计师需要具备一定的想象力，去思考技术可能带来的变革。以 Recap 为例，在 ChatGPT 出现之前，我们对于会议总结的畅想是有一个地方可以聚合所有会议相关的内容。但随着技术的演进，我们现在可以畅想更加智能的会议总结功能，如 AI Notes，它可以从录音中识别说话者及其含义，进行信息的拆解和整理。

4. 设计师的社会责任

在 AI 技术日益普及的今天，我们需要更加关注设计师的社会责任。微软有一个"负责任的 AI"原则，它包括了问责制、透明度、可靠性和安全性、包容性、公平性及隐私保护六大准则。这些准则不仅适用于设计师，也适用于全公司的所有员工。我们在设计 AI 生成的内容时，需要在页面上标注这是 AI 生成的，并提醒用户可能会犯错误。这是我们展现社会责任的一种方式。

Microsoft Responsible AI
微软"负责任的 AI"六大原则

Accountability 问责制
应该有人对 AI 系统负责。

Transparency 透明度
AI 系统应明白易懂。

Reliability and Safety 可靠性和安全性
AI 系统应可靠、安全地执行。

Inclusiveness 包容性
AI 系统应为所有人提供支持，让人们都参与进来。

Fairness 公平性
AI 系统应公平对待所有人。

Privacy and Security 隐私保护
AI 系统应是安全的并且应尊重隐私。

那么，面对 AI 时代的变迁，我们设计师应该如何应对呢？我们现在其实是从互联网晚期转变到 AI 初期。在互联网技术的后期，大家不会再去过多地谈论技术能不能做到，因为技术已经相对成熟了。作为设计师，我们首先要为用户发声，其次要结合商业价值，为公司带来更高的利润。但是，在转变到 AI 时代的前期，我们的设计思考需要做一些转化。我们需要做好"科技翻译官"的角色，思考这项技术到底如何能让用户用起来，并产生对用户来说的价值。这需要我们对于技术有非常深厚的理解。同时，AI 技术颠覆了很多以往的认知，所以我们在设计时还需要把社会责任考虑进去。只有这样，我们才能在这个时代中保持竞争力，成为不可取代的设计师。

最后，我想用一句话来总结我的分享："以设计向善，结合用户、技术、商业与社会责任，成为全方位的设计师。"这也是我们微软设计团队一直秉持的理念。

刘彦良

微软 Teams 首席设计经理，致力于通过 AI 让会议更高效、更智能。毕业于英属哥伦比亚大学，在电商、搜索、信息安全、教育、公益、生产力工具等行业拥有超过 20 年的体验设计和管理经验。

14 AI时代的产品与设计

○ 程俊楠

在这个日新月异的 AI 时代，我们见证了无数产品的革新与重塑。在本文，我想与大家一同探讨 AI 时代的产品研究思路、工具变革，以及未来产品的形态，并结合我们的实践与思考，分享体验设计领域的新探索。

我们不难发现，那些曾经陪伴我们多年的传统产品，如搜索引擎，在形态上似乎已多年未有大变。在一个搜索框输入问题—浏览列表页—寻找信息，这样的交互路径已成定式。然而，随着大模型的到来，这一切悄然改变。

以搜索产品为例，新一代 AI 搜索工具如 Perplexity、秘塔 AI 搜索等，以其便捷的交互方式和高效的答案获取，大大缩短了用户的搜索路径。我们不再需要逐页浏览，只需简单描述需求，AI 便能迅速给出答案。这标志着 AI 时代产品的第一个特征：交互路径的显著缩短。再来看 PPT 创作领域，传统的 PPT 制作流程烦琐，从构思内容、寻找素材到排版美化，每一个环节都需投入大量时间和精力。而 AI PPT 的出现，则彻底颠覆了这一流程。通过对话式创作或导入大纲，AI 便能自动生成一个完整的 PPT，包括布局、风格、美化等各个环节，都由 AI 一手包办。这使得 PPT 创作的单个环节操作成本大大降低，也标志着 AI 时代产品的第二个特征：单个环节操作成本的显著降低。

在体验设计领域，虽然变化不如其他领域那么明显，但我们同样看到了 AI 的赋能与影响。以 Figma 为例，其 AI 功能的推出，旨在让用户更快获得第一版设计稿，更方便地触达和使用资源，以及更专注在设计稿上，不被琐碎工作打扰。这一思路，无疑为体验设计带来了新的启示。我们 Pixso 团队也在积极探索 AI 与体验设计的结合。通过坚持数据和底层 AI 能力的建设，我们将 AI 能力与工具紧密结合，旨在提升设计师的生产效率。虽然目前仍处于打磨阶段，但已初步实现了部分 AI 功能，如色彩推荐等，为设计师带来了极大的便利。

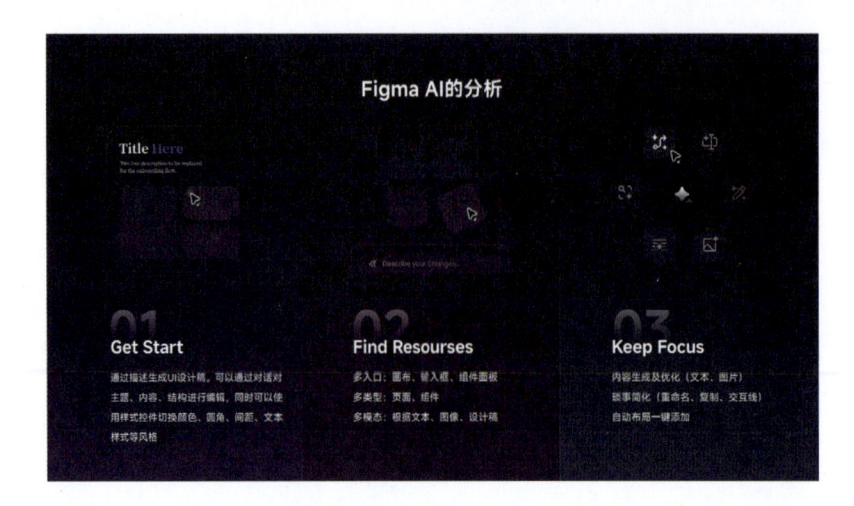

在 AI 技术飞速发展的今天，我们不禁思考：未来产品将走向何方？从近期的大模型表现来看，虽然它们在某些常识性问题上表现不佳，但在数学（包括奥数）等领域的卓越表现，让我们看到了 AI 技术的无限可能。这背后，是 AI 技术从模拟人类语言网络向模拟人类认知功能的转变。当 AI 技术具备推理的泛化能力，并与大模型紧密结合时，我们或许将迎来 AGI（通用人工智能）的时代。届时，产品的交互形态将更加面向意图，而非面向实现。用户只需告诉 AI 自己的需求，AI 便能根据意图生成完整的产品或设计稿件。

在这样的时代背景下，我们不得不思考：未来会有怎样的新职业诞生？哪些旧职业将逐渐消失？对于体验设计师而言，我们又该如何应对这一变革？

我认为，未来或许会出现一个名为 ChatDesign 的智能工具，它能够通过对话式交互，为用户生成完整的体验设计稿件。而 ChatProduct 的出现，则可能彻底颠覆整个软件生产过程，从设计、开发、测试到交付，每一个环节都由 AI 智能完成。

面对这样的变革，我们应保持开放的心态，积极拥抱新技术，不断提升自己的技能与素养。同时，也要敢于尝试新的工具与方法，以应对未来市场的挑战与机遇。

总之，在 AI 时代的大潮中，我们既是见证者，也是参与者。让我们携手共进，共同探索体验设计的新领域，迎接更加美好的未来！

程俊楠

Pixso 产品设计及研发中心负责人，博思云创科技有限公司创始团队成员，曾就职于亿图软件，参与研发多款千万月活的产品。从 0 到 1 成功完成 Pixso 的研发和商业化，确立其市场领导地位，对设计工具的发展及 AI 时代的趋势有深刻洞察和理解。

设计理念：创造好的设计工具，帮用户把产品设计得更美好。

15 科技与艺术融合，重新定义掌间体验

○ 冯婷

在数字时代的浪潮中，折叠屏引领未来智能手机发展的创新。而科技与艺术之间的双向驱动信息革命正在不断地推动着各行各业的创新与变革。那么科技产品作为人类理性的结晶，与代表感性的时尚相遇时，又会擦出怎样的火花？

通过本文，我们将了解荣耀在折叠屏设计领域的创新故事和独特的创新基因。

一、梦想宝盒，释放无限创造力

在日益趋同的电子消费品中，太需要有一款产品来改变沉闷生活了。而这次，荣耀第一次让外屏成为主力屏，V Flip 整体形成了高端优雅腕表＋时尚高定、潮流可爱萌宠＋自然元素组合式的战略进行高端赋能，构建全新的视觉认知体系，引领科技时尚。V Flip 既能吸引紧跟时尚的先锋一族的自我表达意愿，也能满足品质生活的实践者需求。

荣耀Magic V Flip
梦想小巨幕

V Flip 的外屏个性化设计，我们足足打磨了一整年。在创作前期，我们与产品、营销、体验、技术等各领域专家及专家用户、时尚先锋进行研讨、碰撞，产生了大量好玩的创意，但是回归用户本身，我们思考了大家对 V flip 的核心情感需求是什么？想通过外屏表达什么？把这些统统装进这个梦想宝盒，就成就了 V Flip 的独特风格。

1. 治愈萌宠，给你温暖陪伴

由于当今社会的压力，养宠物成为年轻人排解孤独的时尚生活方式。但是很多人由于各种原因不能在现实中养宠物，我们希望外屏毛茸茸的萌宠可以带给用户陪伴感。

萌宠设计考虑到了个性化和互动体验的需求。通过动态壁纸和可爱的萌宠形象，用户可以在使用手机过程中获得独特的互动体验。猫咪的伸懒腰、小狗的摇尾巴，这些细节不仅增加了壁纸的趣味性，还让用户在使用手机时感受到一种真实的陪伴感。这样的设计使 V Flip 更像用户的"数字朋友"。

第 3 章　方法与实践

061

萌宠是我们花了最多心思、打磨最久的主题。我们聚焦萨摩耶和金渐层两个主角形象，赋予它们独立的外观、性格设定，并根据人物设定不断打磨面部五官比例、毛发质感，最终打造出两位明星萌宠：2岁的椰子哥哥（萨摩耶）和1岁的泡芙妹妹（金渐层猫咪）。

2. 百变魔方，激发时尚灵感

在萌宠之外，我们还带来了全新的时尚穿搭体验，让 V Flip 成为用户的时尚单品。灵感来源于奢侈品橱窗的设计，小小的窗口彰显大大的时尚态度。不同的材质、配色可以随心选，匹配每天的穿搭。

我们不仅想要给用户带来美的感受，也想要与用户行为结合。当用户把 V Flip 当作时尚单品时，会佩戴包包链条使用。当用户手拎链条时，随着魔方晃动也能不断地进行时尚的自我表达。

3. 光影山茶，展示优雅的一面

每个人都有优雅的一面，在设计这个命题初期，我们研究了大量的山茶花的符号，观察了大量山茶花的生长过程，尝试了多种不同的形态，力图找到最优雅的一面。

山茶花本身拥有复杂而优雅的花瓣结构，因此手绘成为了这个创作过程的第一步。从一片片花瓣开始，尝试捕捉山茶花的曲线与层次感。每一笔都需要细腻地勾勒，既要保留花瓣的自然形态，又要在整体设计中找到和谐的平衡点。这个过程中感受到自然之美的微妙，同时也认识到数字艺术与自然世界之间的紧密联系。每一笔都仿佛在与这朵花对话，试图捕捉它最真实的一面。

当你知道自然生命如何诞生时，你才会对它的本质更加了解。我们最终通过数字化艺术的方式，将山茶花的绽放过程神奇地浓缩为短短几秒。

除此之外，我们提供各种百变的主题，用户可以尽情切换自己的每一面。

百变主题 百变风格

4. 高定 Magic Box，满足公主的水晶梦

除了百变的个性化主题，我们与品牌部门共同携手国际时尚大师周仰杰博士，打造了 Magic V Flip X Prof. JimmyChoo 高定版主题。用科技魔法重塑时尚，让用户变成闪闪发光的主角，开启全方位的时尚表达方式。

二、让科技与时尚真正在顶峰相遇

回顾 2023 年，在柏林 IFA 展的舞台上，荣耀 magic V2 和荣耀 V Purse 收获了非常多的关注，在这里我们赢得了许多奖项，也用折叠产品征服了全球的媒体消费者。我们突破思维瓶颈，用创新与世界对话。

荣耀如何进一步打破想象力的边界，让自我的表达重新焕发无穷的想象力？

V Purse 探索了全新的人机交互形式，以"手包折叠屏"的产品理念，为用户带来更多自由的时尚表达方式。

V Purse 主题创意设计师杨卓琳说："想象一下，你的手机是一个随时准备变装的超级明星。早上它可以穿上简约的商务西装，到了晚上立刻换上闪亮的派对服装。这就是荣耀折叠屏的魔力。我们赋予手机可以'变身'的能力，根据你的心情、场合，甚至是今天想要扮演的角色，荣耀折叠屏都能随时为你切换'造型'。谁说手机不能像你一样多才多艺？"

在这个构思的基础上，我们开始了灵感的搜集和探索。手包作为时尚界的经典单品，不仅外观百变，内在功能也极为实用。我们想象，是否可以将这种灵活性和功能性融入智能手机的设计中，随时随地根据不同场合变换风格和用途。

在设计过程中，设计师从研究大牌包的历史开始，深入了解每一个经典包款的诞生背景和演变过程，这让设计师能在设计中加入更多细节和情感。纹样不仅是配饰，更代表了一种风格和态度。把这种奢华和精致的格调带到日常生活中，通过壁纸这样一种触手可及的方式，让人们每天都能感受到时尚的魅力。

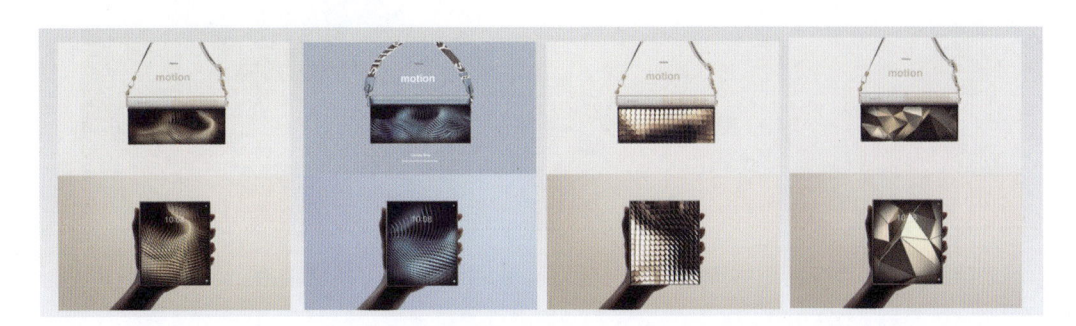

每款壁纸都试图捕捉时尚的核心元素，比如经典的菱格纹、时尚的马蹄扣、独特的色彩搭配等。同时，设计师希望这些壁纸能够传递出时尚品牌所代表的自信、独立和优雅。

如何通过设计诠释 V Purse 的轻薄之美？

这款手机以极致的轻薄著称，宛如风中摇曳的羽翼，既轻盈又灵动。羽翼象征着轻盈和自由，于是采用羽翼的元素来设计，这与荣耀 V Purse 的轻薄设计完美契合。我们通过抽象的方式，将羽翼的形态简化，运用更流畅的线条和几何形状，试图将羽翼的本质通过抽象的形式表达出来。这种转变并不容易，我们在手绘草图中反复尝试，通过不同的曲线、颜色和排布方式，寻找最能传递羽翼精神的抽象表现形式。每一笔勾勒，都是对自由和力量的再定义，力图在简约的形态中保留羽翼的灵魂。

在手绘草图阶段确定了羽翼的抽象形态后，我们进入了 3D 建模阶段，这是将平面设计赋予立体生命的关键一环。

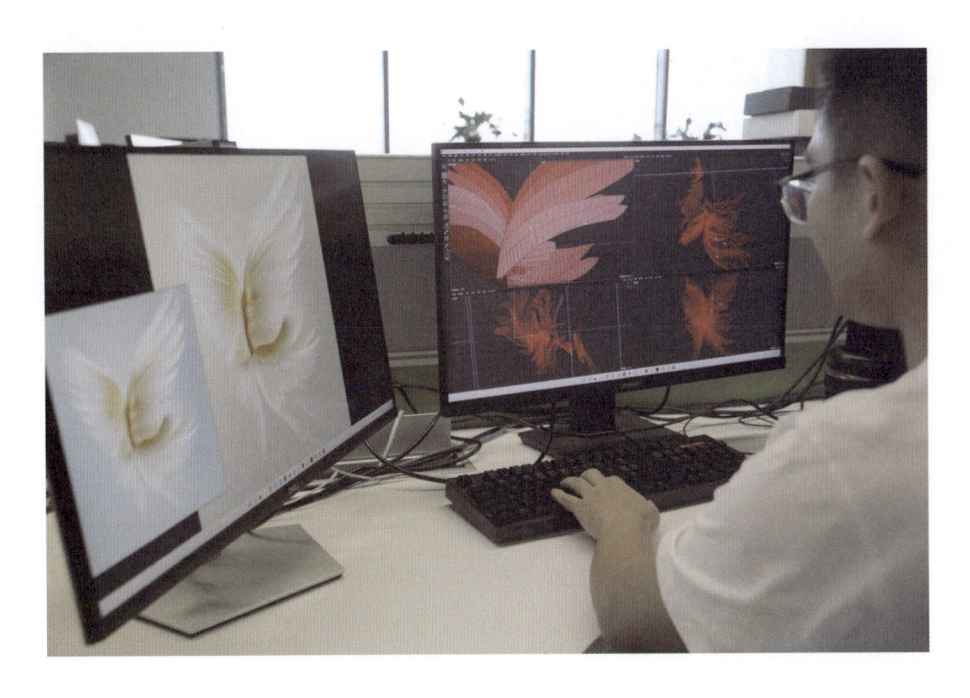

在建模过程中，我们精心调整了羽翼的每一处细节，从羽毛的弧度到整体的流动感，确保它在任何角度都能展现出优雅和力量的完美结合。通过 3D 建模，我们不仅在创造一个视觉效果，更是在赋予羽翼动态的生命力。我们设计的羽翼并非静止不动，而是在手机屏幕上如同真实的羽毛一般，随着用户的操作或屏幕的变化而展翅飞舞。

同时我们也和当代艺术家合作，借助数字技术，解锁全新的视幻艺术，让手机成为时尚穿搭的一部分。

我们希望这些壁纸不仅是装饰，更能成为用户表达自我风格的一部分。无论是追求简约优雅，还是大胆前卫，每个人都能在 V Purse 的设计中找到自己的时尚态度。这不仅是对大牌包的致敬，更是对每一个热爱生活、追求美好的人的礼赞。

三、智能手机的未来

未来如何看待当前智能手机个性化趋势？

研究新时代的消费者群体诉求发现，2025 年随着关爱经济的不断发展，人们越来越注重自我表达和感受，AI 将迎来更多情感支持，并重塑用户感受，意味着个性化将变得高度个人化。所以思考如何通过软硬件一体化的设计，开启手机个性化定制的新时代，为用户带来新体验，是设计师们伟大的使命。

现在我们更像是处于一个数字迷失的时代。传统物理世界的旋钮，在旋转过程中能感受到触感，能听到旋转的声音，能闻到材质本身散发的味道，还有视觉，五感中有 4 种同时在起作用。

但是到数字世界，如果再做一个旋钮，就只剩一个视觉。在这个过程中产生了"数字迷失。"你发现手机变得越来越大、数字世界变得越来越好的时候，兴奋的感觉却消失了。大家都长一个样，消费者感到越来越无趣了，所以新的兴奋和价值点如何传递，这是很重要的事情。

科技产品的本质并不是去帮助人们回忆历史或复现经典，而是去启迪未来。所以我们通过数字化的表达，尝试让之前毫不起眼的东西引起人们无限遐想，赋予科技以魅力和向往。

我们坚信这将是未来十年最令人兴奋的数字形态，是一种科技和艺术的融合，也是设计的根本灵魂。荣耀美学设计团队希望去做了不起的设计，努力突破传统手机壁纸的局限，通过打造科技与艺术融合，来重新定义未来时尚掌间体验。

冯婷

荣耀首席美学创意官。10 年以上美学设计经验。现负责荣耀手机 OS 美学创意与主题壁纸设计，带领美学实验室、法国创新研究所，成功地在多款产品上将时尚趋势理念与科技创新融为一体，形成前沿、独特的数字化风格，引领行业未来美学新风潮。前 vivo Origin OS 艺术创意中心总监，带领团队完成多款行业领先性的产品。

设计理念：我们通过数字化的表达，尝试让之前毫不起眼的东西引起人们无限遐想，赋予科技以魅力十足和令人向往的人性外表。

16 Motiff妙多大模型：
AI时代设计工具的底座

◎ 张昊然

在过去的一年里，Motiff 经历了快速的成长与蜕变。我们深知，在这个日新月异的时代，唯有不断创新与突破，才能保持竞争力。因此，我们一直致力于将 AI 技术融入设计工具中，以提升设计师的工作效率与创作质量。

首先，我想谈谈 Motiff 的基础协同设计功能。这些功能大多源于 Figma 以及之前的 Sketch 所定义的标准，它们对于设计师来说至关重要，是我们无法跨越的一道门槛。在过去两年多的时间里，我们陆续完成了这些功能的开发，并不断优化，以确保用户从 Figma 迁移过来时，能够无缝衔接，感受到流畅的使用体验。

然而，Motiff 并不仅仅满足于这些基础功能。我们更希望的是，通过 AI 技术为设计师赋能，激活他们的创作灵感，提升工作效率。因此，我们在 AI 功能上进行了深入的探索与实践。

我们的 AI 功能主要分为三个方向：AI 工具箱、AI 设计系统以及 AIGC（AI Generated Content）。AI 工具箱主要面向个体设计师，旨在解决他们在日常工作中遇到的痛点与难题。通过 AI 技术，我们可以帮助设计师快速完成重复性的工作，如 AI 复制、AI 布局等，从而让他们有更多的时间与精力去专注于创作与创新。

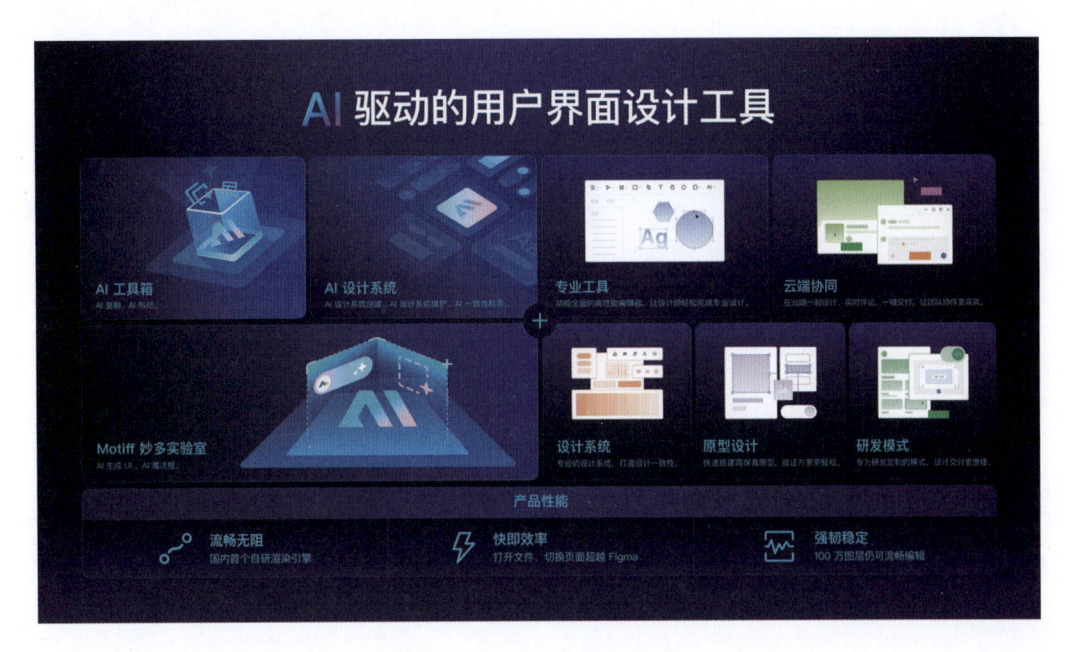

AI 设计系统则是我们针对团队实践中的痛点而开发的。我们深知，在团队协作中，设计系统的建立与维护至关重要。因此，我们利用 AI 技术，帮助团队更快速地创建、维护以及检查设计系统，确保设计的一致性与高效性。

而 AIGC 则是我们最为前沿与领先的探索领域。我们希望通过 AI 技术自动生成高质量的 UI 界面，从而颠覆传统的设计流程，提升设计效率与质量。在过去的一年里，我们在 AIGC 领域取得了显著的进展。我们的大模型已经能够基于指定的 Prompts，生成出结构清晰、样式丰富的 UI 界面。这些界面不仅具有高度的可定制性，还能够根据用户的需求进行快速调整与优化。

当然，在追求功能创新的同时，我们也非常注重产品的性能优化。我们深知，一个流畅、稳定的产品体验对于用户来说至关重要。因此，我们在过去一年里对 Motiff 的架构进行了重构与优化，使得产品在处理大图层文件时更加流畅、高效。无论是在页面的打开速度、切换速度还是在 AI 功能的响应速度上，我们都取得了显著的突破。

最后，我想分享一下我们对于 AI 生成 UI 界面这一领域的认知与设想。我们认为，目前整个世界在这个领域还处于实验室阶段，但已经接近于末期阶段。在这个阶段中，大部分时候还是通过文本输入来生成对应的 UI 设计稿。然而，随着技术的不断发展与进步，我们相信未来 AI 将能够更深入地理解设计师的需求与意图，生成更加符合设计师期望的 UI 界面。同时，我们也希望 AI 能够与我们的设计系统更加紧密地结合，从而进一步提升设计效率与质量。

我想再次强调一点：Product Technology Fit（产品与技术的契合度）对于我们来说至关重要。我们将继续秉承这一原则，不断探索与创新，将 AI 技术更好地融入设计工具中，为设计师提供更加高效、便捷的创作平台。

此外，我也想借此机会感谢所有支持 Motiff 的用户与合作伙伴。是你们的信任与支持，让我们能够不断前行、不断进步。未来，我们将继续努力，为大家带来更多惊喜与收获。

张昊然

Motiff（妙多）副总裁，负责妙多的全球化运营工作。妙多的定位是 Figma 的下一代设计工具，搭载团队自研的妙多大模型，已推出 AI 设计系统、AI 工具箱、AI 生成 UI 等原生 AI 功能。发布仅数月时间，妙多已获得全球用户广泛使用和好评。

设计理念：第一性、简宜、累进。

17 量身定制产品可用性评估方案

○ 郝毅伟

在当今竞争激烈的市场环境中，产品的成功离不开出色的可用性设计，可用性的评估和提升是保障产品用户体验的基石。然而，许多团队经常面临这样的挑战：如何全面、高效且经济地评估产品的可用性？面向用户的可用性测试招募用户不易、耗时长且经济成本高；传统的启发式评估和体验走查又似乎有些笼统，缺乏针对性。对于此，本文将介绍一种启发式评估的进阶方法：如何针对产品自身特点、用户痛点，以及当前业务需求，定制一套更具有针对性的可用性评估方案。此方案将针对产品特点制定可用性评估标准，并将其转化为具体、可操作的细则，从而规范评估流程，提高可用性评估的质量和效率，使得设计团队在不便招募用户的情况下，可通过团队内部的力量，完成系统且高效的产品可用性评估。

一、常规可用性评测方法概述

可用性评测方法根据评测主体可分为两大类：专家视角及用户视角。专家视角方法由用户体验专家对产品进行评测，常见方法包括启发式评估（heuristic evaluation）和认知走查（cognitive walkthrough）；而用户视角方法由真实用户对产品提供反馈数据，常见方法包括可用性测试（usability testing）和产品数据分析（product analytics），如表1所示。

表1 可用性测评方法

	启发式评估	认知走查	可用性测试	产品数据分析
评测主体	用户体验专家	用户体验专家	模拟环境下的真实用户	真实环境下的真实用户
适用阶段	不限定阶段	不限定阶段	原型测试阶段	产品上线后
评测方式	依据可用性原则	依据认知及心理原则	依据用户测试反馈	依据用户真实行为
评测成本	低	低	中	高

1. 启发式评估（heuristic evaluation）

由用户体验专家（如用户研究员、设计师）进行评测，无须真实用户参与，时间、经济成本较低。专家评估界面设计是否符合一系列公认的可用性准则，并快速发现问题。

2. 认知走查（cognitive walkthrough）

专家模拟用户的思维过程，在产品界面上完成一系列任务，在过程中发现可用性问题。这种方法能够深入理解用户在使用过程中的认知负担和潜在障碍。

3. 可用性测试（usability testing）

由真实用户在受控环境下完成特定任务来评估界面的可用性，适用于设计的中后期阶段。此方法需要用户参与，成本较高，但能够提供直接的用户反馈，其结果非常有价值。

4. 产品数据分析（product analytics）

依赖于真实环境下的用户数据，适用于产品发布后的优化阶段。通过分析用户的实际使用数据，可以发现用户行为模式和产品潜在问题。其成本最高，但可提供真实的反馈数据。

以上四种方法各有千秋。可用性测试和产品数据分析能够提供更为直接、真实的用户反馈，但成本较高，且仅适用于产品开发中后期阶段。相比之下，启发式评估和认知走查无须用户参与，从既定的原则和理论出发，可低成本快速发现产品早期的可用性问题。

二、传统的启发式评估方法

传统的启发式评估方法由用户体验专家（如用户研究员、设计师）根据一系列业界公认的可用性原则对产品界面进行评估，并发现问题。业内人士通常采用人机交互专家 Jakob Nielsen 提出的十条启发式原则（Nielsen's 10 Usability Heuristics），如表 2 所示。

表2　尼尔森十大启发式原则

序号	原则	解释
1	系统状态可见 Visibility of system status	系统应该在合理的时间内通过适当的反馈，始终让用户了解正在发生的事情
2	与现实世界匹配 Match between system and the realworld	系统应该说用户的语言。用用户熟悉的词、短语和概念，不要用内部术语。遵循现实世界的约定，以自然和合乎逻辑的顺序呈现信息
3	用户控制和自由 User control and freedom	用户经常错误地执行操作，所以需要一个明确标记的"紧急出口"让用户离开不想要的操作，而无须经过复杂的过程
4	一致性和标准 Consistency and standards	不应该让用户怀疑不同的词、情景或操作是否表达同一件事情。系统设计需遵循平台和行业惯例
5	防止错误 Error prevention	系统要么消除容易出错的情况，要么检查它们，并在用户采取行动之前向用户提供确认选项
6	识别而非回忆 Recognition rather than recall	让元素、操作和选项可见，从而最大限度地减轻用户的记忆负担。用户使用产品所需的信息应该保持可见，或者在用户需要时可以很方便地查找到
7	灵活性和效率 Flexibility and efficiency of use	对新用户来说，需要功能明确清晰；对于老用户来说，需要快捷高效使用高频功能。允许用户能够定制高频使用的功能
8	美观和简约设计 Aesthetics and minimal design	不要包含不相关或低频次的信息/操作。页面中的每个额外信息都会降低主要内容的相对可见性
9	帮助用户识别、诊断和恢复错误 Help users recognize, diagnose, and recover from errors	报错消息应该通俗易懂，准确地指出问题，并且提出解决方案。避免用代码等用户难以理解的形式报错
10	帮助和文档 Help and documentation	如果系统能让用户不需要阅读文档就会使用那是最好的，但通常情况下还是需要文档帮助用户使用。帮助文档应该具体清晰，给出明确步骤，且便于搜索查询

启发式评估的适用场景非常丰富。此方法不局限于产品开发的特定阶段，在设计早期阶段使用启发式评估，可以节省招募用户的时间和金钱成本，尽早发现问题。当产品上线之后，仍可以采用启发式评估去对产品的可用性进行全盘有效的评测，发现可用性问题并提出解决方案。启发式评估适用于不便招募真实用户测试的场景，如招募用户经济或时间成本过高，或项目处于早期保密阶段，不方便透露给外界用户。启发式评估还适合功能模块多且复杂的产品，如B端企业产品。此类产品有多个用户群体，各群体用户往往只熟悉产品的部分模块，不具备全局观，而设计和研究团队的成员对产品的整体架构和全局模块十分了解，因此能够对产品可用性进行更全面的评测和梳理。

表3整理了传统的启发式评估的优点与不足。

表3 启发式评估的优点与不足

优点	不足
● 依据客观、通用的可用性原则进行评估 ● 可以较为系统全面地考察产品可用性 ● 可以重点关注特定的可用性方面（如易学性） ● 无须招募用户，成本低 ● 可以邀请团队内各角色参与评估，便于达成共识	● 结果质量受评估人员的专业能力和经验所影响 ● 缺乏真实使用场景下真实用户的反馈 ● 常用的尼尔森十大原则较宽泛，不具有针对性

1. 尼尔森十大启发式原则的局限

尼尔森十大启发式原则由人机交互博士 Jakob Nielsen 在 1995 年提出。Jakob Nielsen 分析两百多个可用性问题之后，提炼出了十条通用的界面可用性启发式原则。之所以叫作"启发式"，因为这些原则泛指经验法则，并非特定的可用性准则。尼尔森启发式原则作为经典的可用性启发式原则，帮助无数用户体验从业者诊断评估界面可用性，提高了用户体验。然而，尼尔森启发式原则也存在一定局限性：

- 着重于可用性中的易学性（learnability）、防错纠错（error tolerance）等方面，未涵盖可用性的所有方面，比如效用（effectiveness）、满足（satisfaction）等。
- 在涵盖到的某些方面中，提出的启发式原则不够详尽具体，未涵盖某些子方面。
- 因为是启发式原则，所以相对宽泛，没有提出可直接用来评估的准则、细则。
- 提炼自20世纪90年代的软件界面的可用性问题，不一定适合于当下特定人机界面或特定领域的产品。

从可用性方面的角度来看，十大原则涉及五个可用性方面，如图1所示，分别是易学性（learnability）（对应"系统状态可见""与现实世界匹配""一致性和标准""美观和简约设计"）、防错纠错（对应"防止错误""用户控制和自由""帮助用户识别、诊断和恢复错误"）、减轻感知/认知负荷（minimized workload）（对应"识别而非回忆"）、效率（efficiency）（对应"灵活性和效率"），以及帮助与支持（help and support）（对应"帮助和文档"）。其中，易学性和防错纠错两个方面就占据了七条可用性原则。除了上述五个可用性方面，还有一些影响用户体验的重要可用性方面没有被涉及，比如性能（performance）、满足

（satisfaction）、效用（effectiveness）、普适性（accomodation）等。

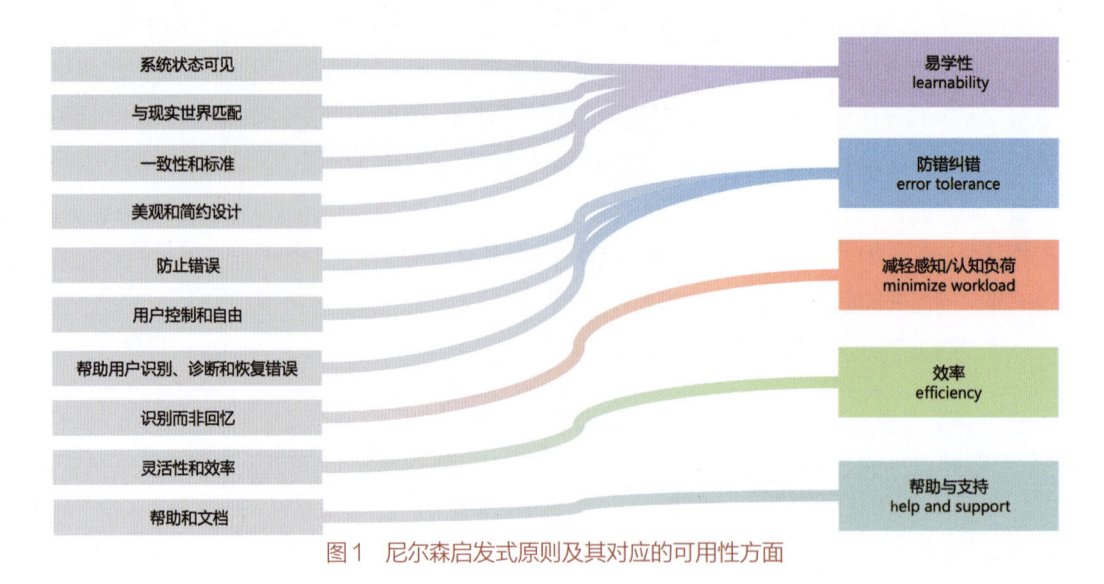

图1 尼尔森启发式原则及其对应的可用性方面

2. 其他启发式原则

除了尼尔森十大原则之外，还有不少人机交互学者提出了其他可用性启发式原则。以下对比较著名的几套原则做简单介绍。

（1）Ben Shneiderman 的 8 条界面设计黄金原则。

着重于易学性、减轻感知/认知负担和防错纠错等可用性方面，并涉及一个新的可用性方面：普适性。原则第二条"追求普适的可用性（Seek universal usability）"提出界面应承认不同群体（根据年龄、经验、是否有残障、对科技的熟悉程度等区分）之间的差异，为相对弱势群体提供必要的辅助和提示，并为熟练的专家用户提供快捷操作。

（2）Bruce Tognazzini 的交互设计基本原则。

涵盖的主题比尼尔森十大启发式原则更为丰富，并涉及新的可用性方面：性能。原则之一"减少延迟（Latency reduction）"提出技术的发展让用户对交互速度有了更高的需求，因此产品应尽量最小化延迟，提高用户体验。此套原则还针对一些常见的界面元素及功能提出了具体的可用性指导，如色彩、默认值/默认状态、人机界面元素、导航等。

（3）Susan Weinschek 和 Dean Barker 的 20 条启发式原则。

共 20 条，除常规的易学性、防错纠错、帮助与支持、减轻认知/感知负荷外，还涉及新的可用性方面，包括效用 [对应原则"精确完成任务（Precision）"] 和普适性 [对应原则"适应（Accommodation）""符合用户文化习惯（Cultural propriety）"]。并提出了"多模态整合（Modal integrity）"这一原则，关注界面中视觉、听觉、触觉等多模态的交互。

（4）Gerhardt-Powal 的认知工程原则。

由认知工程师格哈特-波瓦尔斯提出。她的启发式原则重点关注用户与界面交互时所需的认知负荷。原则包括减少记忆负担、最小化操作次数、提供多种编码方式、根据内容将信息合理分组等。此套启发式原则适用于复杂或数据密集型的界面，比如仪表板、数据分析软件等。

3. 特定界面及特定领域产品的启发式原则

针对软件的启发式原则，是否适用于评估网站、手机应用及其他人机界面？特定行业的产品是否也能使用这些原则？不同界面和不同领域的产品具有独特性。例如，网站内容丰富、导航层级多；而手机则支持多模态交互，但输入效率低且页面小；B端产品通常功能复杂，信息架构烦琐，涉及大量输入，面向不同职能的用户；线上教育则强调师生协作，常包含多媒体内容。

这些特性表明，不同界面和领域的产品在交互设计上需关注特定的可用性方面。人机交互学者为不同界面提出了针对性的启发式原则，例如 David Travis 提出了重点关注网页的核心功能和常见元素的 247 条网页可用性原则。在进行产品可用性评估时，用户体验从业者需要注意设计并选择合适的启发式原则和评估方案。

三、启发式评估进阶：根据产品定制可用性评估方案

如之前所述，传统的启发式评估方法较为笼统宽泛，常规的启发式原则未涵盖到所有的可用性方面，并且对特定界面或特定领域的产品缺乏针对性，在实际运用中容易造成偏差和遗漏。因此，在传统启发式评估的基础上，笔者进行了进一步拓展，提出一套定制化产品可用性评估的方法论，使得用户体验从业者能够针对产品自身特点、用户痛点，以及当前业务需求，定制一套更具有针对性的可用性评估方案。

定制化可用性评估的优点有：

- **系统性**：从系统的角度设计选择启发式原则，避免因直接采用某一套启发式原则，造成偏差和遗漏。
- **针对性**：依照产品、业务及用户自身特点定制评估方案，更具有针对性。
- **全面性**：涵盖常用的尼尔森十大启发式原则中，被忽略的可用性方面和子方面。
- **整体性**：在传统的以任务为导向的评估流程上，加入以设计元素为导向的评估视角。以产品整体的视角进行评估，所得结果更全面。
- **规范性**：提供具体、可操作的可用性评估细则，规范化评估流程，提高评估质量及效率。

设计定制化可用性评估方案的步骤如图 2 所示。

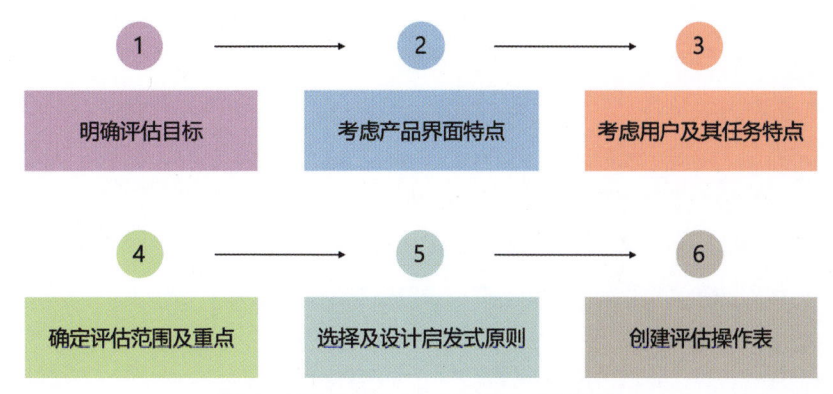

图 2　设计定制化可用性评估方案的步骤

1. 明确评估目标

在开始设计为产品量身定做的可用性评估方案之前，需要明确此次评估的目标。不妨问自己以下问题：

- 考虑产品所处阶段：这次评估是针对产品开发前期原型设计的快速评估与改进，还是对已上线产品的全面评估？
- 了解当前业务需求：团队需要进行产品整体的可用性评估，还是针对已知的某些弱势模块、功能或可用性方面进行重点评估？

2. 考虑产品界面特点

接着需要考虑产品的人机交互界面有哪些特点。表 4 罗列了常见的人机交互界面的一些特点，以供参考。

表4　常见的人机交互界面特点

网站	• 内容丰富：网站通常包含大量信息，包括文本、图像和视频。 • 导航复杂性：通常具有多个导航层级，如菜单和子菜单。 • 视觉元素丰富：包含多种视觉元素，如按钮、链接和表单。 • 响应式设计：网站需要适应不同屏幕尺寸和不同设备
移动应用	• 多模态交互：移动应用支持多种交互模式，包括触摸、语音和手势。 • 输入效率低：移动应用的输入效率较低，需要精心设计以减少用户的操作负担。 • 屏幕空间有限：由于屏幕较小，移动应用必须优先考虑内容和功能，通常使用简化布局。 • 个性化：用户普遍对移动应用有更高的个性化需求和期待
软件	• 功能丰富：软件通常提供广泛的功能和工具，适合复杂任务。 • 信息架构复杂：软件的功能多，信息架构也较为复杂。 • 学习难度高：许多专业领域的软件学习难度高，新手用户需要花很长时间才能熟悉操作。 • 快捷键：软件通常支持键盘快捷键，以提高导航和操作效率
触摸界面	• 大触控目标：按钮和交互元素设计得较大，以便于触摸操作。 • 须符合人体工学：触摸界面对人体工学有更高的要求。 • 手势控制：许多触摸界面支持手势（滑动、捏合）进行导航和交互

3. 考虑用户及其任务的特点

产品的使命是帮助用户完成他们的目标任务，下一步，我们需要考虑用户以及他们的目标任务有哪些特点。可以通过以下问题进行思考。

（1）考虑用户的特点。

- 用户是新手还是有经验的使用者？
- 用户对科技产品的熟悉程度如何？
- 产品面向单一或是多个用户群体？每个群体各自有什么特点？
- 用户所处的社会文化如何？有没有需要注意的地方？

（2）考虑用户任务的特点。

- 用户使用产品，是为了完成具体的任务，还是休闲娱乐？
- 目标任务需要多少步骤？复杂程度如何？

- 为了完成目标任务，用户会涉及哪些类型的操作？
- 在完成任务的过程中，用户最有可能在哪里迷茫？或者有哪些抱怨？

4. 确定评估范围和重点

根据评估目标、产品界面特点、用户特点，以及用户目标特点后，可以确定此次可用性评估的范围和重点。建议从以下两个角度考虑：

（1）可用性方面。

常见的可用性方面包括易学性、防错纠错、减轻感知认知负荷、效率，以及帮助与支持。此外，还有其他可用性方面，如性能、满足、效用、普适性、安全与隐私等。根据产品及用户的特点，自行选择想要重点评估的可用性方面。

每个可用性方面下，还有更具体的子方面。比如效用可包含功能符合用户目标、提供必需的信息和操作、支持用户完成精细/个性化任务等更详细的子方面，这需要由评估人员根据产品自身特点进行选择和设计。

（2）任务或设计元素。

是否有哪些产品功能或用户任务是你想重点评估的？是否有哪些设计元素是团队想重点评估的，比如消息通知、导航菜单、色彩等等？

5. 选择和设计启发式原则

确定了评估范围和重点后，可以参考常见的可用性启发式原则，从中选择合适的启发式原则。也可以自己针对重点的可用性方面、重点任务和重点设计元素，自行设计评估原则加以补充。常见的可用性启发式原则在上文已介绍过，因此这里不作赘述。

6. 创建评估操作表

最后，评估人员可以将上述评估范围及重点进行整理，结合具体任务，将指导的启发式原则转化为具体可操作的细则，创建一张定制化产品可用性评估操作表，示例如表5所示。

表5　评估操作表示例（1）

类别	所评估任务/元素	可用性方面	子方面	评估细则
核心任务	核心任务1	·可用性方面1 ·可用性方面2	·子方面1 ·子方面2	·评估细则1 ·评估细则2
	核心任务2			
	核心任务3			
重点元素	元素1	·可用性方面3 ·可用性方面4	·子方面3 ·子方面4	·评估细则3 ·评估细则4
	元素2			

为便于读者理解，表6以一个政务软件为例，简单列举了针对一项用户核心任务和一项重点元素的具体评估细则。

表6 评估操作表示例（2）

类别	所评估任务或元素	可用性方面	子方面	评估细则
核心任务	填写并完成营业执照申请	易学性	可发现性	正确的操作是否易于找到？
			系统状态可见	任务完成状态是否清晰？
		效率	输入效率高	步骤、点击、滚动和鼠标移动的数量是否保持在最低限度？
		防错纠错	防止出错	数据输入是否快速、简单且没有错误的机会？
			可简便纠正错误	是否可以便捷地纠正错误、更改已经填写的信息？
	核心任务2			
	核心任务3			
重点元素	导航结构	易学性	与现实相对应，符合逻辑	导航结构是否与用户的心理模型相匹配？
			一致性	系统内每个模块的导航结构是否一致？
	元素2			

以上便是如何设计定制化产品可用性评估方案的步骤。当评估操作表设计完备后，便可以组织评估人员实施评估。常见的流程如表7所示。

表7 常见流程

步骤	参与人员	所需材料
介绍评估方法及规则	全体评估人员	评估操作表
实施评估、诊断及记录问题	全体评估人员	评估操作表 可用性问题记录模板
分析整合数据	数据分析人员	可用性问题优先级评分标准
结果分享与讨论	全体评估人员 其他相关团队及人员	结果汇报文件

由于以上流程步骤与传统的启发式评估流程类似，加之篇幅有限，所以在此不展开介绍。

四、总结

有效的可用性评估是保障产品用户体验的基石。本文介绍了一种针对产品特点定制化可用性评估的方法论，使得用户体验从业者能够针对产品自身特点、用户痛点，以及当前业务需求，定制一套更具有针对性的产品可用性评估方案。这套方法论从传统的启发式评估进行拓展，针对产品界面、目标用户以及用户核心任务的特点，明确需要重点关注的可用性方面及设计元素，并将相关的启发式原则发展为具体、可操作的评估细则，规范评估流程，并提高评估的质量及效率。

此方法论从系统的角度选择和设计了启发式原则，能够有效避免偏差和遗漏，确保评估方案适合产品特点及业务需求。此外，方案还在传统的以任务为导向的评估过程中，加入以设计元素为导向的评估视角，使得结果更加全面，提高了评估质量，帮助评估者全面发现及诊断产品的可用性问题，最终提高产品可用性，改善用户体验。

参考资料

[1] 尼尔森十大启发式原则. https://www.uxtigers.com/post/usability-heuristics-history.

[2] Ben Shneiderman 的 8 条界面设计黄金原则. https://capian.co/shneiderman-eight-golden-rules-interface-design.

[3] Bruce Tognazzini 的交互设计基本原则. https://yozucreative.com/insights/tognazzinis-principles-of-interaction-design/.

[4] Susan Weinschek 和 Dean Barker 的 20 条启发式原则. https://www.heurio.co/weinschenk-barker-classification.

[5] Gerhardt-Powal 的认知工程原则. https://www.tandfonline.com/doi/pdf/10.1080/10447319609526147.

郝毅伟

现任微软人工智能团队高级用户研究员，主要负责搜索引擎、视频、图片、内容平台等多个领域的用户研究。上海交通大学工学学士，美国佐治亚理工学院人机交互硕士。曾在美国硅谷的科技公司担任可用性工程师及用户体验研究专员。曾涉猎行业包括金融科技、政府科技、新能源汽车、互联网等。拥有丰富的 B 端及 C 端产品用户研究经验，擅长国际化产品用户及体验研究。

18 汽车零售门店创新设计与转型

○ 景纯灵

电车带动的行业革命中,以人为本的设计思维过时了吗?

IDEO 创始人大卫·凯利(David Kelley)说:"设计思考是一种人本中心的创新方法,它来自对人类行为、需求和渴望的深刻理解。"以人为本的设计思维理论逐渐失去原本的优势,但它带来的汽车产业转型却从未结束,占据极重要的关键位置。

车作为昂贵的消费品,自古以来便是身份的象征,人们在购车决策过程中极少冲动消费,甚至花时间去思考自我与社会之间的关联,回答"我是谁,我从哪里来,往哪里去?"的哲理辩证。苏格拉底(Socrates)说:"没有经过审视的生活是不值得过的。"面对市场上百花齐放的电车品牌,这句话是对人们电车购买决策流程的最好注解。

此文旨在阐述电车行业革命背景之下,汽车零售门店是如何随着消费者的需求和产品改变而转型,以及"以人为本"的设计师又如何在洪流之中寻找到属于自己的立足之地与机会点。

一、汽车零售门店转型大背景

1. 价格透明的销售模式

传统 4S 店采用经销商的商业模式,购车的用户走进门店,将面对跟销售来回的议价过程,试探底价,到议价,再到成交,是一件费时费力的事情。不同的门店提供给客户不同的优惠政策,这大大提高了客户买车比对的门槛。这个门槛,到了电车的时代,几乎被彻底推翻,特斯拉首先展开线上下单,价格统一,统一全国售价,对销售能力的要求从关系导向,擅长议价周旋,变成对产品的深度理解。

这种销售模式的影响如下:

(1)节省精力,拥抱新事物:省去比价环节、"怕买贵了"的心理负担,消费者将注意力更加集中在车本身,不用跑去不同的 4S 店做比对,更省时省力。消费者可以用省下来的精力,去看不同品牌的车,比对再三。因此消费者反而对新事物的接受度、包容性提升了。

(2)销售人员权利减弱:无论在哪一家门店购车,都由消费者直接在线上下单,因此销售的权力削弱,对人的依赖性减低。

(3)理性消费,溢价敏感:由于价格透明,消费者对产品是否有溢价的敏感度大大增加,也更注重功能配置的比较。

2. 零售门店设计因消费模式而改变

4S 店的模式下,客人不知道彼此的购买价格,而价格透明不只带来销售方式、消费者心智的改变,也影响了门店的设计,以及购车用户和销售之间的关系,看以下几点例子:

（1）为议价而设计的私密区域需求降低，门店面积缩小：经销商模式下，销售更希望谈价下订的空间具有私密性，不希望隔墙有耳，得知其他人购车的价格，好让自己的业绩奖励能够更高。当价格统一透明时，这样的需求减少，反而需要互动性高的社交空间。

（2）门店标榜主动降低产品成本，不溢价的新"公平公正"价值观：消费者更接受价格透明统一的品牌，甚至觉得更具"公平公正"的品牌价值，认为自己过往曾经被油车品牌或经销商剥削。虽然这是电车品牌为了快速抢占市场，虏获用户心智的打法，却也失控地让消费者看中性价比，整个市场竞争更激烈，自损羽翼。

（3）店内售前售后的服务意识提升：区域之间的销售竞争更加激烈，销售对用户的服务态度也提升了。蔚来将会员服务发挥得淋漓尽致之后，其他车企更是纷纷跟进，加强服务意识。有些车企给予销售不同的谈判筹码，例如推出许多新的老客带新客的推荐福利和第三方合作会员福利等等，这些都促使销售有更多机会给用户提供优质服务。

（4）门店展示品牌可靠性、电车技术、产品实力：由于知道没有议价空间，用户倾向于购车前，把可以接受的价格区间考虑得更加精准，进店之后侧重评估产品体验是否符合购买需求，电车品牌是否可靠。

（5）线上看车，线下试驾：第一代消费者在购买电车的决策初期，有很长的时间被网络、朋友圈影响，也有自身对科学技术的判断，做足功课，对自己偏好的品牌有认知了解。进店前已经在"线上"虚拟看车，因此来到门店后，更注重实际体验，门店成为促进消费者试驾的"中转站"。

（6）高端品牌的门店服务差异化：无论是售价 60 万以上的 HIFI 高合汽车，或者自身品牌定位中高端的蔚来汽车，从 0 到 1 的高端电车品牌，都大力在会员福利方面拉升品牌价值，打造品牌力，弱化用户心智中只有"BBA"才是豪华品牌的印象，甚至效法其他行业，例如酒店、奢侈品等业种经营品牌的运营方式。

（7）油车时代，消费者默认油费是天经地义的支出；到了电车时代，为了降低购车充电焦虑，门店新增了帮助消费者规划充电方式的职责，如对比安装充电桩、每月充电费用等，促使消费者更加精打细算地考虑拥车成本。

二、目前门店类型和流程

1. 电车门店类型和职能

传统 4S 店面积十分庞大，通常包含产品展示区、售后服务区、金融区、休息区、交车区等。为了承载这些功能，门店选址多半在城市近郊，不用负担市中心昂贵的地租租金。而本土新兴品牌为了增加品牌曝光，树立品牌形象，纷纷选择将市中心热闹的商场街区作为门店地点，主要的门店类型有城市展厅、体验中心、迷你快闪展位、交付中心、品牌服务中心、授权服务中心、充电站、换电站等。其中，体验中心、充电站、换电站是因电车产业开展才新增的线下触点。

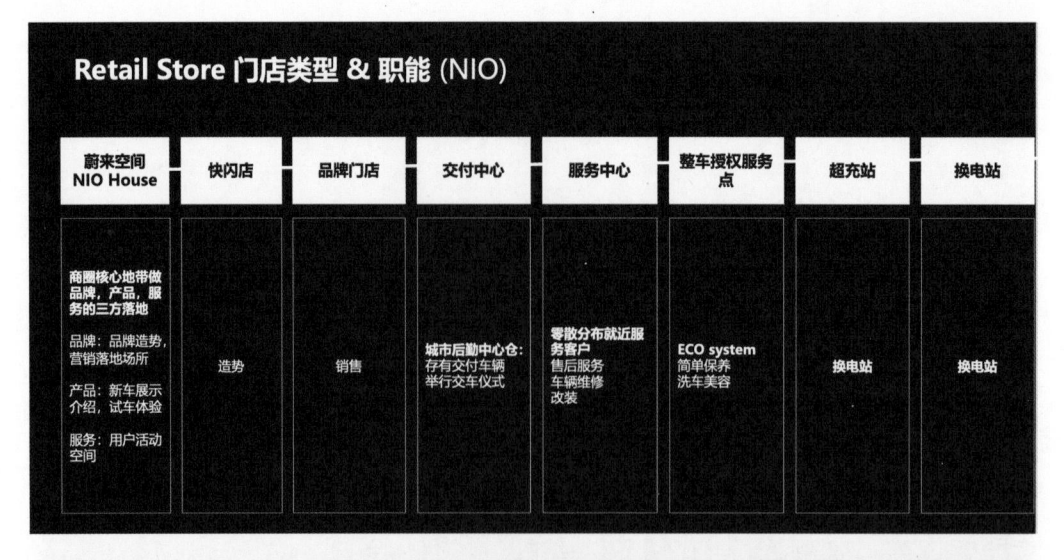

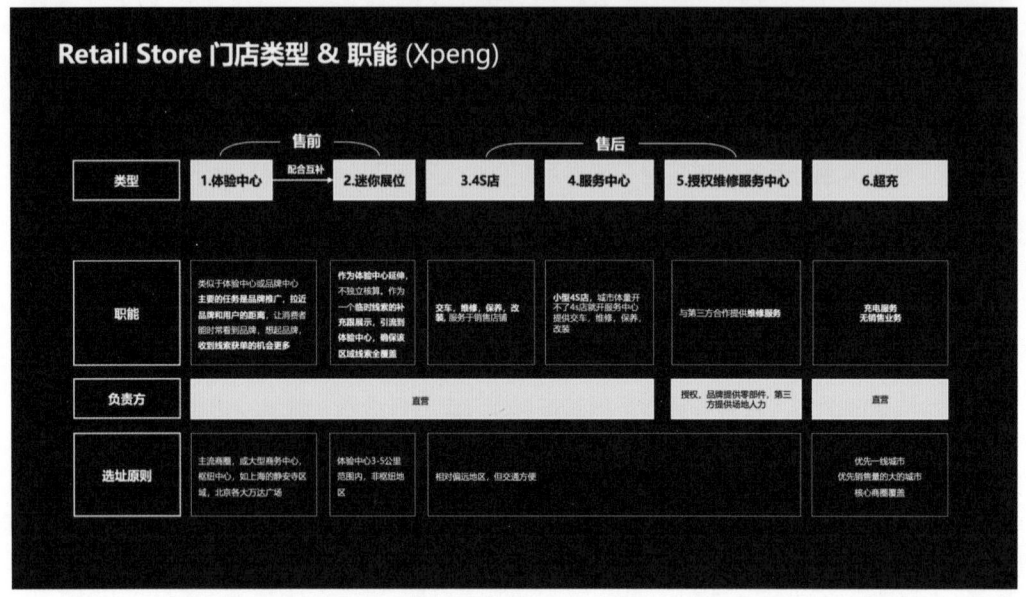

Retail Store 门店类型 & 职能 (NIO)

蔚来空间 NIO House	快闪店	品牌门店	交付中心	服务中心	整车授权服务点	超充站	换电站
商圈核心地带做品牌，产品，服务的三方落地 品牌：品牌造势，营销落地场所 产品：新车展示介绍，试车体验 服务：用户活动空间	造势	销售	城市后勤中心仓 存有交付车辆 举行交车仪式	零散分布就近服务客户 售后服务 车辆维修 改装	ECO system 简单保养 洗车美容	换电站	换电站

Retail Store 门店类型 & 职能 (Xpeng)

	售前		售后			
类型	1.体验中心	2.迷你展位	3.4S店	4.服务中心	5.授权维修服务中心	6.超充
职能	类似于体验中心或品牌中心，主要的任务是品牌推广，拉近品牌和用户的距离，让消费者能时常看到品牌，想起品牌，收到线索获取的机会更多	作为体验中心延伸，不独立核算，作为一个临时销售的补充展示，引流到体验中心，确保该区域线索全覆盖	交车，维修，保养，改装，服务于销售店铺	小型4S店，城市体量开不了4S店就开服务中心授权交车，维修，保养，改装	与第三方合作提供维修服务	充电服务 无销售业务
负责方	直营				授权，品牌提供零部件，第三方提供场地人力	直营
选址原则	主流商圈，成大型商务中心枢纽中心，如上海的静安寺区域，北京各大万达广场	体验中心3-5公里范围内，非核心地区	相对偏远地区，但交通方便			优先一线城市 优先销售量的大的城市 核心商圈覆盖

有些品牌（例如特斯拉）选择只租下小型店面，容纳主要的 1～2 台车型，以及交易区域即可。商场甚至一度出现了"购车"的主题楼层、区域，由代理多家品牌的经销商建立"购车"大型商场，琳琅满目的品牌都集中在同一栋楼层，这对消费者来说也相当新颖便利，不用东奔西跑了，商场成为新型的交易中心。

2. 电车门店如何传递豪华品牌的情绪价值？

Fournier 在 1998 年提出，消费者与品牌之间的关系发展是一个渐进的过程，分为六个阶段：注意、了解、共生、相伴、分裂和复合。例如，小米汽车在造车初期，不费吹灰之力便成功引起消费者"注意"想要深入"了解"，因为小米本身就是成功的国民品牌。然而，要让消费者和小米汽车一起"共生"，便是下一阶段的品牌任务。中低端车型也许可以用性价比来吸引注意力，然而中高端豪华电车，要附上什么代价，才能占领用户心智？《奢侈品经济学》一书中，经济学家唐·汤普森描述奢侈品的真正价值不在于价格，而在于它所唤起的情感和梦想。"对于那些'非凡之人'来说，奢侈品对于他们来说不再是简单的衣服与配饰，而是一种身份的象征。"这体现了奢侈品在满足消费者身份认同和自我表达方面的情绪价值，让消费者通过拥有和使用奢侈品来展示自己的特殊地位和独特品味。电车时代，什么样的门店体验能贴合高端品牌价值？人们在寻找对豪华车、高端车的重新诠释，而电车所代表的科技感、新价值观，赋予了品牌全新的可能性。

3. 失败的复合式品牌门店

通过开设咖啡店，奢侈品牌将自己的品牌价值和文化延伸到新的领域，增加品牌的可见度和影响力。路易威登（Louis Vuitton）在上海张园开设了 LV CLUB，白天提供咖啡和甜点，晚间则提供调酒。迪奥（Dior）在上海前滩太古里开设了 CAF DIOR，提供融合法餐与亚洲风味的菜肴和甜点。香奈儿（Chanel）开设了法餐厅，曾获得日本东京米其林二星。凯迪拉克在纽约总部开设 Cadillac House，集咖啡厅、艺术展览、画廊于一身。奔驰曾经在北京开设过梅赛德斯咖啡店（Mercedes Me），这是一家位于繁华的三里屯中心的餐厅，装修和外观都非常时尚，适合小坐和品尝咖啡。

仿效奢侈品牌，车企通过开设餐饮、品牌联名等方式增加高端豪华感。但是，当各汽车品牌都将门店加入咖啡店的功能时，消费者却没有为此买单，梅赛德斯咖啡店甚至已于 2020 年闭店。复合式（多功能）门店没能把握时机，忽略了奢侈品的稀缺、历史、身份等属性，电车门店的咖啡区域便在消费者眼中毫无吸引力。在众多车企当中，蔚来汽车将复合式门店及社群运营紧密绑定，用经营私域流量的方式来运营门店，成功利用用户权益带动销量。

4. 蔚来空间如何打造中高端豪华电车品牌，改变品牌和车主之间的关系？

第一个蔚来空间（NIO House）是在 2017 年 11 月 25 日于北京东长安街 1 号东方广场正式开业的。这个用户中心分为两层，面积达到 3000 平方米，是北京城市核心地区最大的用户中心。

此门店有以下特点：

（1）区域性生活方式社区：门店旨在为蔚来用户营造一个属于自己的生活方式社区，提供多种活动和体验，如头脑风暴、分享会、生日派对、个人音乐会等。

（2）标杆性城市旗舰店：蔚来开始在各大城市的核心商圈、旅游景点布置蔚来空间，其中有城市特色的独家饮品、纪念品，类似"城市旗舰店"的概念出现。

（3）共享空间是车主破圈的舞台：车主免费使用门店空间举办活动展演，门店成为"商业曝光渠道""打造个人 IP 的舞台"，车主之间组成兴趣、行业社群，因车结缘，商业互惠，蔚来成为车主破圈的平台，也更加凝聚了对品牌本身的向心力。

（4）将 4S 店不盈利的售后服务转化为购车动机：上门取送车、咖啡、美甲、手工、书籍借阅等活动，本来在传统 4S 店是由经销商自行消化成本，作为售后服务的一环节让车主免费参加。新的运营模式不仅能够由车主共同负担活动成本，还能够吸引车主朋友进门店参观，增加对蔚来品牌的曝光率。

（5）门店的虚拟货币：所有服务可以由积分兑换，用户越活跃，越能"赚积分"，积分有多种获取方式，增加了用户跟品牌之间的黏性，让门店体验也更有趣味性。积分消耗后还能够以现金购买，积分赠送也是购车折扣的一种手段。

（6）私密性和排他性：只有车主本人可使用 App 扫码进入蔚来空间，或者车主邀请的朋友可进入。蔚来空间往往地处标杆地段，服务好、空间大，成为用户"专属 VIP 俱乐部"，以及跟亲朋好友炫耀的谈资。

这种零售门店的策略体现出品牌价值观——不仅仅是一台车，而是一种享受的生活方式、服务品质，一群积极向上的中产阶级的人生观。

5. 充电站

电车时代里，充电站也是用户高频次使用的品牌空间，充电体验的设计是否令人安心，也大大影响了购买决策，甚至影响消费者推荐给其他朋友的概率。正常电车开始拓展市场占有率时，品牌方纷纷透过造充电站，来告诉消费者做电车的"决心"，如保时捷的专属充电站、特斯拉超充站、NIO 的换电站。

6. 车主服务带动门店工作人员职责类型的改变

多元门店的服务体现了品牌的价值观，使用直营模式的新电车品牌，对服务质量的管控更统一，顺势推动了传统品牌在服务上的转型，那以往做销售的人员是否应该身兼二职也做服务？是否品牌应该雇用额外的服务人员专职？如何确保经销商门店所提供的服务也和品牌的服务标准一致不偏离？一切的核心问题都指向，如何用最合理的成本创造最好的消费者服务体验？

各家车企的模式分为以下几种：

（1）直营模式：人、物资、资产都由品牌方承担，严格执行品牌标准化服务流程。

（2）非直营模式：①经销商模式，使用经销商的人员、物资，品牌方只提供培训教育、活动的部分补贴；②代理模式，可以有区域性、国家性总代理。

（3）混合模式：例如，沿用经销商的人员，作为品牌方的服务或销售人员，执行品牌方设计的标准化服务流程。

传统车企擅长的是第二/第三种模式，通过管理经销商来接触客户，不直接跟客户互动，因此，当车企希望改变成第一种模式时，不只面对现有经销商的反弹，更没有经验培训、落地品牌服务。

服务客户的 KPI 和销售转化率的 KPI 完全不一样，前者更加注重客户满意度及体验过程，后者则以结果为导向。以往考核指标单一，而现在车企使用多维度综合评估门店。门店 KPI 如月销量、车主满意度、到店率、试驾率、线索完成率等。个人 KPI 除了销量，也可能包含 App 活跃度、拉新注册量等。各大车企经过一段时间探索之后，有不同的策略。以特斯拉为例，销售更加专注在贩售、提供配置建议、售后服务等职责。而蔚来则设有专职做客户服务的人员，管理蔚来空间，职能上和前端销售完全分割，考核机制也不一样，另设有 NIO buddy 全流程对用户进行一对一服务，保证客户口碑，设有产品和试驾体验专员，注重会员活动邀约。极氪销售人员负责销售，另外有专门的试驾专员负责试驾。

7. 新的零售销售流程应运而生

当传统燃油车转型为电车时，燃油车看重的是产品性能和品质，而到了电车时代，已经全然不同，中国经历了软件制造汽车的产业革新，更是将车如同智能手机一样看待。电车的产品力发力在三点：①数字化创新，②全新电车美学，③多元新体验场景，而这三点是传统燃油车销售不熟悉的产品品质。新电车时代的销售策略需要以下几点革新：

（1）教育用户的心智接受电车：降低安全隐患，消除充电忧虑，说服消费者接受电车比油车够优。

（2）制定击败对手的策略，如何在众多电车品牌中选择自己。

（3）D2C 数字化系统为基础建设，使销售人员佩戴麦克风，录音监督每一个销售话术的重点有涵盖，每一次进店客户都有被仔细介绍品牌以及产品，产品的关键功能也都有讲述，这个数字化系统曾给到销售综合性评估，以及对用户的需求分析。后期此系统可运用到销售培训，分析销量冠军都使用了什么话术使成交率提高，并使新手销售更快上手。

（4）智能客服跟踪用户：进店试驾后，有些电车品牌使用智能客服进一步电话跟踪用户，节省人力成本，使销售可以更加集中精力在成交率高的客户。

8. 智能化的试乘试驾门店体验

在经销商模式之下，经销商是最一线也是最了解客户的人，传统车企往往对客户缺乏前线的洞察，没有第一手信息，需要经过经销商才能准确知道客户的人群画像。近几年造车时间被大大缩减，每一年或者每隔一年推陈出新多种车款，市场更竞争，经销商模式不能让车企快速了解客户的需求，也来不及判断市场的发展以及现有客户的行为改变。反而是直销模式，或者是利用数字化系统获得第一手数据的车企，对客户有更深刻的洞察。即便是使用直接模式的车企也因为服务据点遍布全国，难以管控，必须用数字化、系统性的管理，后台数据分析的系统成为前台人员的辅助，不完全取代人却能使一线人员更聪明、更高效。数字化体系记录客户从线索、试驾、下订、提车、售后的全过程，流程化、透明化、准确化、审批化，避免扯皮和欺诈。以下是几个例子。

（1）消费者全链路数字化打通：从消费者来店，到邀请你过来做试乘试驾，消费者每一步的动作都有数据记录。相当于全链路打通，每一单，权限范围之内的，全部都可以看得见。这是业务流程透明化。

（2）到点打卡/服务使用：点数兑换，NIO 使用会员积分制，当用户兑换积分时，便可以记录分析用户喜欢的活动类型、饮品偏好等体验。对用户画像有了更加精准的了解。

（3）销售推销流程监督：销售佩戴系统录音设备，跟踪是否有解说产品所有亮点，便于销售考核。

（4）使用智能语音助手进行客诉，解决产品疑问，收集产品反馈：随着语音助手越来越成为电车的标配，语音助手成为车主询问疑问及客诉的渠道，也成为单企直接与客户面对面的机会。

（5）跟踪试驾体验：在试驾后即时出具试驾报告，根据产品特色，针对目标客户设计试驾体验。试驾就和产品试用一样，需要让客户体会到最优秀的产品性能、卖点，好说服客户有购买的冲动欲望。现在试乘试驾体验已经变得越来越多元，例如小鹏出游试驾、NIO 老带新试驾、理想标准试驾、上门试驾、中长途的深度试驾也成为电车品牌获客的手段，如高端车型的试驾活动、出游、经销商带团旅游等。总结试驾体验在电车的语境中，有几个方向可以体现电车属性。

①加速能力：电车在市场上贩售的前期，为了显示电车特长，几乎所有的品牌都会比较零百加速，好吸引传统购买油车的用户。而在所有电车的速度都比油车好的前提下，中国市场后期，开始逐渐走向产品细分，加速不是必要条件，但是先天标准条件。

②自动驾驶能力：特斯拉是首个为电车自动驾驶树立权威的车企，中国也有小鹏、华为，其他各家车企更是宣称有自研能力，或者跟有技术的平台第三方（如百度）合作，针对喜爱追求新科技、拥抱新事物的用户，以上品牌则在试驾过程中，安排自动驾驶路段，让用户体验科技颠覆传统认知的新能力。但是由于各地区的路况复杂程度百变，难以预测，因此试驾体验过程中也可能有反效果，例如，接管提示不明显，惊吓到用户。

③智能化能力：电车产品往往具有高度智能化的特性，更多电动功能，数字化场景设置，让消费者自定义的体验，这些都有别于传统燃油车。因此试驾时也会演示智能化场景，例如AI能力、车内拍照、影视娱乐、露营模式等。

三、电车零售门店体验带给设计师的机会点

1. 个性化、定制化的产品

更贴近私域分区，了解哪些个性化功能或服务对用户来说高价值。比如五菱宏光的LING LAB是一个原厂个性化定制服务平台，它是国内首个此类平台，旨在为车主提供个性化改装服务。这个平台允许车主像玩游戏一样潮改自己的爱车，不仅合法合规，还能享受官方质量保障。通过LING LAB平台，用户可以在小程序或App上选择各种改装配件，比如轮毂、前包围、侧裙、格栅等，每个部件都有多种款式可供选择。这些配件的组合可达10万种，这使得每辆车都能拥有独一无二的风格。此外，平台还提供线下服务，包括专业的装配、备案等一站式服务。LING LAB首次应用于五菱MINI EV GAMEBOY车型，这款车型的设计本身就具有独特的游戏竞技感和外观潮酷风格，受追求个性化的年轻消费者喜爱，不仅满足了消费者对个性化的需求，还推动了汽车个性化改装行业的发展，提供了多选择和品质保障。

2. 共同参与门店建设及服务

蔚来汽车曾发起了一项名为"换电站心愿单"的活动，这是其"2023千站计划"的一部分。该活动的核心目的是让用户参与到换电站建设地点的选择过程中。以下是这项活动的主要内容。

（1）用户参与：蔚来通过其官方应用程序（NIO App）上线了"换电站心愿单"功能，鼓励用户推荐换电站的选址区域。这样，用户可以直接表达他们对换电站位置的需求和偏好。收集了大量用户提交的换电站心愿单后，这些心愿单可以帮助蔚来了解哪些地区对换电站的需求最为迫切。

（2）数据驱动选址：蔚来利用其能源云大数据计算平台分析这些心愿单数据，以确定换电站的最佳建设地点。这种方法确保了换电站能够建在用户最需要的地方。不仅加快了换电

站的部署速度，还提升了用户的参与感和满意度，确保了换电站网络能够更加精准地满足用户的实际需求。

3. 以数据建构用户画像、用户旅程，辅助产品创新、精准营销

以数据驱动购车决策的用户旅程图，让企业对用户在每一个阶段，触点之间，都能够丝滑连接，没有断层或漏洞。

4. 挖掘千人千面的门店及用车新场景

（1）应映消费趋势而生的"户外展厅"：疫情后露营活动大受欢迎，新的用车场景引起许多关注度，车企们纷纷推出电车车上过夜，以车取代帐篷的功能，吸引喜爱户外活动的消费者。

（2）建构生活中的"迷你展厅"：国外本来就有的后备厢市集文化也被引进，在地化成为新的方式。例如，蔚来在2021年举办了一个大型后备厢集市活动，让车主自发参与，此外，上海汽车博物馆也曾在2020年举办后备箱潮玩集市。

（3）女王购车的下午茶角落：随着女性购买力、女性消费族群购车电车的增长，不仅车企纷纷推出副驾女王模式，更有针对女性族群的品牌"欧拉猫"应运而生，专门打造专属于女性的汽车体验。门店中也融入了下午茶区域，供应咖啡茶，打造出现代女性享受自我，展现女性风格的门店。

（4）为特定目标用户打造零售体验：极狐汽车考拉是一款专为亲子出行设计的车型，其主要目标用户为新主见妈妈群体，即注重家庭出行的安全、健康和便利性的现代母亲。车本身即展厅，因为该车型的设计理念是"场景化造车"，车辆配备了方便儿童上下车的旋转迎宾座椅、便于母亲喂奶的魔方茶几，以及方便更换尿布的新概念工作台等，这些功能都是以孩子为中心设计的。除了宝宝友好的门店环境，车本身的体验非常专注于目标用户，成为移动展厅。

（5）手车互联、车家互联的门店多场景体验展示：随着华为、小米等有家中智能设备的品牌加入造车行列，让车和生活更加紧密连接。这种互联体验也新增了门店展示功能，传统的展示方式已经无法承载新场景了，车与其他电子消费品分开贩售的产品陈列已经无法体现出产品特色。更加与场景融合的门店，展现产品之间互联能力的数字化功能变成门店体验中重要的一环。例如，展示车机系统还可以控制家中的家用机器人，进一步增强了智能家居的控制能力以及安全性。以及，当用户不在家时，可以通过车辆的语音控制系统远程启动家中的空调。

景纯灵

福特汽车体验设计总监。在医疗和汽车领域拥有十年体验设计经验，除了拥有专业知识外，还具有企业创新加速上的丰富经验。善于将科技、数字化和商业策略相结合，并融入人性化体验的设计理念。这种综合性的专业能力使她能够开发出前瞻性的解决方案，帮助企业产品在市场竞争中保持领先地位。无论是为了提升产品的功能性还是增加用户的满意度，她都能够为广大的用户量身定制出最佳的解决方案。

19 AIGC浪潮下的B端创意生产力重塑

◎ 赵东恩

生成式 AI 在各个领域重塑了生产力关系。它利用最先进的人工智能技术，包括自然语言处理、计算机视觉和机器学习，为内容创作者提供了强大而灵活的解决方案。它是推动创意产业进步的强大引擎。然而在一轮轮浪潮过后，AIGC 在实际生产关系中的应用深度还是太浮于表面。

那么，我们该如何面对机构性客户的 AIGC 生产力工具构建，它与 C 端社区兴趣导向的平台有哪些不同？随着 AIGC 创作平台此起彼伏的上线，该如何构建产品的差异化优势？本文将结合我们在内部 B 端创意生产平台的实践中沉淀下来的方法论，围绕效率优先、反向工程的行为准则，与大家浅谈 AIGC 浪潮下的 B 端创意生产力重塑。

随着 AIGC 的发展，技能民主和平权成为时代风尚。在这样的前提下，针对各领域的 AIGC 应用平台如雨后春笋般应运而生。但几乎所有的产品，都存在应用深度过浅的核心痛点，AIGC 现阶段似乎并不能形成强而有力的高效生产力。

内部的一款 B 端 AIGC 生成平台，在经历过多次概念流标后，开始寻求设计团队的帮助。

我们在介入进来的一周时间里几乎按兵不动，只是在观察并找到设计团队在整个阵营中的定位。我首先与团队进行了多次沟通，听取他们对产品的设想、面临的挑战以及对客户反馈的第一手看法。这个过程让我清晰地看到了设计团队的定位：对内连接工程化的产品能力，对外解读和转译客户诉求；不仅是视觉和交互的实现者，更是整个项目的桥梁，连接着开发与业务、技术与用户。设计团队需要同时具备多重能力：他们必须懂得技术细节，能够与工程师进行有效的沟通，以确保所设计的界面和交互能够顺利落地；与此同时，他们还需要深入洞察客户的真实诉求，理解客户对产品的期望与需求。此时，设计不仅是视觉设计，更是用户需求与技术实现的双重整合。

从客户角度来看，尽管 AIGC 技术发展迅速，但尚未完全解决生成内容的质量、准确性和一致性问题。对于特定领域专业内容的理解缺失，AIGC 可能仍然无法提供令人满意的创作结果。在成功率和成本方面都无法成为更优质的生产力选择。在这里，对客户诉求的理解缺失以及通用技术的限制，是造成产品停滞的关键卡点。

从内部组织来看，一款产品需要跨越多组织、多角色进行联动，同时这些人和部门也并行着很多其他产品；找到每个角色部门的价值导向点，并寻求各方的价值平衡，是一款产品良好迭代的先决条件。而很多产品在队内管理中就已经摇摇欲坠。所以，对内洞察和价值驱动同样重要。

接下来将通过"某知名服装企业"的实践案例，为大家阐释如何获取客户诉求、解决技术卡点和平衡内部价值的三大核心要素。

一、对外认知：以合理方法挖掘用户真实诉求

　　了解用户的真实需求是所有业务决策的基础。作为从业者，我深知传统的问卷调研和NPS（Net Promoter,Score, 净推荐值）等启发式用户研究的局限性。这种"远离"真实用户的调研方式，往往难以获取精准的结论，导致面临的业务问题收效甚微。为此，我们决定采用"田野调查"的研究模式。我们的目标是通过超过两周的时间，进行现场体验研究，与目标受众密切接触，从而挖掘出最准确的用户问题。这种精细化的研究方法特别适合解决具体的垂直问题，并能够高效识别客户的真实需求。在选定目标客户时，我们关注到了东南沿海地区的"某服装制造企业"。该地区因产业链相对发达，聚集了许多相似企业，其诉求通常具有一定的共通性，因此我们相信一套成功的模式能在这个基础上实现泛用性的大规模复制。我们的研究场景聚焦于"背景生成"（广泛适用领域）和"商品设计"（特点鲜明领域）两个方面。在为期14天的研究中，我们完成了9个工作日的现场调研，最终将研究结论汇总为"原声反馈""价值平衡"和"差异点构建"的公式列表。这一层层递进的推演过程帮助我们明确了需求的出发点、考量因素和具体策略，实现了项目推进的精准性与可控性。

		决策者	执行层	
Define 分析定义 获取目标用户的核心诉求	用户分层	CEO、负责人	设计师、运营	
	用户特征	购买决策者， 听取关键汇报，阅读测评文档，关注成本+效果 成本优先但愿意付出时间成本	工具使用者， 高频使用，完成日常工作 效果反馈者， 阶段性反馈工具效果，为决策者提供续订依据	成本 效率、可用性
	用户诉求	比人工便宜成本要低 比人工优质效果要好	效率至上：比传统设计工具更快 技能民主：比我亲自做效果更好 一步到位：尽量直接帮我做好	无版权素材、辅助创意 **B端AIGC** 生产力导向 一步到位 低包容性
	价值导向	量化价值 价值可观测 价值可评估	生产价值 强化能力，提升自动化参数化能力 简化操作，摒弃快捷键思维	

二、对内认知：团队能力模型绘制

　　绘制团队能力模型是提升团队效能的关键步骤。首先，我们需要明确每位成员的核心能力和特长，以此构建具体的团队能力图谱。这一图谱将为我们提供清晰的视角，使我们能够识别出各个成员的优劣势。在了解团队整体能力后，我们可以有针对性地扬长避短，优化资源配置，从而形成更强的团队合力。通过明确每个成员的角色和贡献，增强团队协作和信任感，确保各项任务能够高效推进。这种系统化的能力识别与整合，不仅提升了团队的实际表

现，也为未来的项目成功奠定了坚实基础。

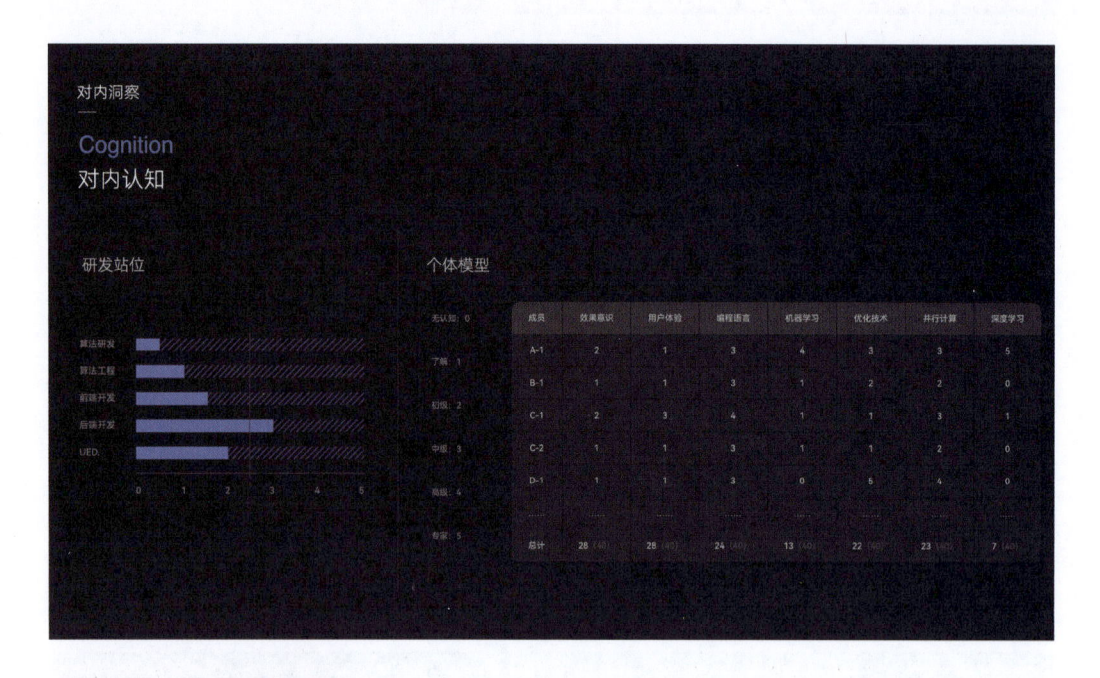

对内洞察

Cognition
对内认知

三、资源回报最大化

在深入了解内部团队能力和客户诉求后，我们可以开始构建产品价值平衡的能力图谱。在这一过程中，需要重点关注三个核心因素："周期""可行性"和"成本"。这三者之间的平衡至关重要，因为它们共同决定了各方团队在产品迭代中能否获得预期的收益，并确保产品的有序运行，这是产品价值的基石。一旦能确保平稳的迭代过程，我们便可以集中精力构建产品在市场中的竞争力。这包括识别和打造独特的优势差异点，从而在竞争中脱颖而出，实际拉开与对手的差距。通过这种方式，我们不仅能为客户提供更具价值的产品，还能为公司创造可持续的竞争优势。

资源回报最大化

Value
价值平衡的衡量因素

周期	可行性	成本
饱和度	能力边界	算力成本
规范度	技术泛用性	效率成本
专注度	市场接受度	利润成本

四、为用户创造价值

在现场观察中发现，绝大多数背景生成的使用群体是产品运营，业务高峰期每天平均要完成 60 张背景生成的任务，平均每次任务需要调用 3 个引导素材（帮助图像生成的辅助元素），这些元素都堆叠在左侧导航中，平均每一个素材调用的鼠标移轴是 870px，并且面临三次阻断。这部分用户又往往习惯非鼠标操作，田野调查时我尝试过一天的工作，手肘的酸痛和僵硬非常严重。

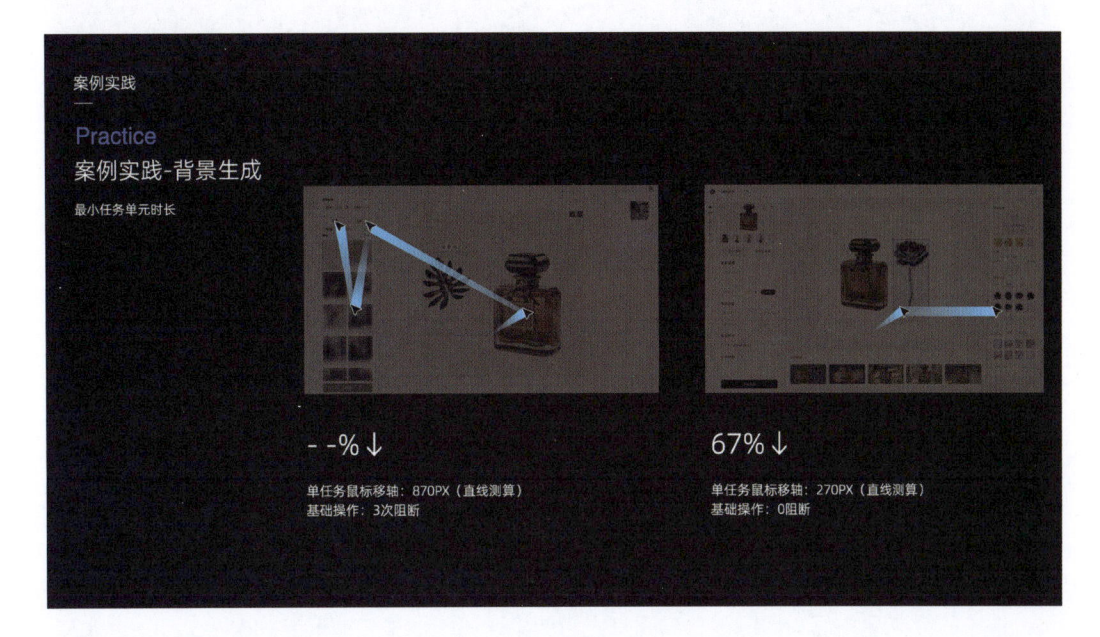

案例实践
——
Practice
案例实践-背景生成
最小任务单元时长

- -%↓
单任务鼠标移轴：870PX（直线测算）
基础操作：3次阻断

67%↓
单任务鼠标移轴：270PX（直线测算）
基础操作：0阻断

AIGC 本身是为了降低人力投入，但我们观测到的数据却和实际预期不同。这也是田野调查带来的好处，身临其境的收获是闭门造车无法获得的。所以我们着手去降低一个最小任务单元的鼠标行进区间，将画板右侧开放出来，帮助用户以最短路径获取任务素材。同时将必要操作集中在左侧导航，实现任务的最小阻断性，并且将这种思路应用在开放式画布的每一个场景。这只是一个很小的例子，折射出从洞察到实践的关联和合理性，同时始终坚持从用户出发来构建整个产品的基本形态。

五、超越用户的期待

在探索生成式 AI 应用市场的过程中，我们意识到，单纯依赖技术的爆炸性突破并不现实。前苏联在追求更大推力火箭的过程中，面对技术壁垒，无奈之下选择将多个小火箭捆绑在一起，以实现大火箭的推力。这种思路恰好可以借鉴到当今生成式 AI 的应用中。

当前，生成式 AI 的各类功能面临着无法满足客户预期的问题，这对行业中的每一个参与者来说都是一个挑战，也是潜在的机会。在背景生成领域，由于扩散模型在重绘逻辑上的局限，许多竞品无法在保持商品主图不变的同时，实现光影效果的生成。

大多数厂商不得不选择将商品主图抠出并合成到生成的背景中，这种方法虽然可以保障商品的准确性，但却导致光影效果的不和谐出现。若强行按照边缘限制进行光影生成，又可能由于重塑逻辑导致商品主图变形，进而引发严重的商业舆情，这成为了客户反复提及的技术痛点。

面对这一具体问题，解决方案的制定便成为提升产品竞争力的关键所在。我们借助开源节点与自主研发的工具，应用高低噪声等原理工具，成功地绕过了这一技术瓶颈。这样不仅可以在不改变商品主图的情况下，增强其光影效果，还彰显了知识沉淀的重要价值。此举使得用户体验设计在这一领域找到了新的定位，并促使算法团队认可设计师在效果工程上的引领作用。随着竞争的升级，市场的竞争格局也在悄然变化。我们正从单纯依赖算法研发的硬实力，转向更加重视技术效果与决策能力的软实力竞争。在这场转变中，设计师凭借其独特的视角与专业背景，能够构建出更具技术壁垒的解决方案，这将使得竞争对手在理解和跨越这些壁垒时面临更大的挑战。同样地，这种思维在各功能点扩散，形成产品软性壁垒。

至此，我们已经探讨了 AIGC 浪潮下 B 端生产力工具过程中所依赖的多个维度。每一个维度都为我们提供了理解用户需求、优化设计流程和提升产品质量的有效视角。

然而，在实际工作中，设计师与开发团队所面临的情境往往是千变万化的。因此，选择合适的研究模式和具体设计策略必须根据现实情况灵活而智慧地转变。这种灵活性不仅体现在具体的工具或方法上，更关乎对整体项目目标的深入理解和对用户需求的细致洞察。

在不同的项目阶段、不同的用户群体，甚至不同的市场环境下，我们要快速适应并调整我们的策略，以确保既能满足客户的期望，又能保持产品的高效迭代。

同时，尽管研究和设计的方法可能需要根据具体情况进行调整，但在评估和考量的重要维度上，我们仍然可以遵循一定的范式。这些范式为我们的决策提供了框架与指南，帮助我们减少盲目尝试的风险，提高设计工作的效率。

我们希望通过分享实际的案例，能够以小见大，帮助你更有效地开展设计工作。在面对复杂的挑战时，这些经验不仅为你带来启发，也能帮助你形成系统的思维方式，从而在纷繁的设计环境中找到更清晰的方向。无论是基础的用户研究、团队协作，还是产品迭代的优化，这些分享都旨在推动更高效、更具创造力的设计实践。

赵东恩

阿里巴巴体验设计专家，拥有10年以上设计经验。负责阿里云投屏、通义万相2.0、万相行业版的体验设计及效果算法研发工作。帮助产品以用户诉求为驱动，洞悉AI产品的交互新范式，以前瞻思维布局效果工程、AR应用场景的产品赛道。先后为国内外头部客户提供设计服务，获得多项创新专利。

设计理念：为用户创造价值，同时启发和超越他们的期望。

20 AI计算思维下的设计新质生产力

○ 黄婷

2022年11月，随着ChatGPT横空出世，沉寂已久的人工智能领域顷刻间便吸引了全世界的目光。在看到基于大模型的人工智能发展路线所蕴含的巨大潜力后，几乎所有先觉的企业都开始了对人工智能的投入和探索。更有许多科学家将这次人工智能技术的突破看作新一轮工业革命的起点。

在这个起点时刻，如何理解并看待大模型，如何利用并发挥大模型，成了每个人和企业都需要面对的问题。为此，我们将紧密利用"三元素模型"作为指南针，通过回归原点，并辅以三元素之间相互转化的关系，使设计师能够理解现象背后的本质，在新时代下对设计进行再定位。从而，让设计师成为技术的执剑人，并最大化地进行设计赋能，构建设计新质生产力，从容应对新时代下的机遇和挑战。

一、平行线一：设计思维

1. 设计思维的体系

虽然设计已经成为设计师生活工作的一部分，可是我们真的有思考过什么是设计思维吗？

显然关于这个问题，每个人都会有不同的见解。但是有一个很精辟的回答：把构思实现成产品的过程就是设计，万物皆可设计，生活中处处都是设计。这相应的思维过程，就是设计思维。

然后，设计师又可以利用自然思维去对产品进行学习、传授、模仿、借鉴、改进、完善等活动，这些又转化为另一次的设计素材。那么，设计师和产品这两个元素之间就通过设计思维和自然思维的联系形成了相互转化的循环关系。

受到商业活动的影响，设计思维早已自我融合和改变，它变成了一种动态价值平衡的结果，即在传统商业思维与艺术思维的动态融合中去追求两者之间产出价值的最佳动态平衡。

从微观周期看，相关行业标准也把设计思维提炼并抽象成了"共情—定义—设想—原型—测试与迭代"五个步骤。其定义如下：

共情：以同理心设身处地地去理解人们真实的感受与需求；

定义：深度进行洞察，找到高价值的问题；

设想：通过用研、创新等工具，发散思维并思考问题的创新解决方案；

原型：将可能的创新解决方案快速制作成可感知的产品或模型；

测试与迭代：将成果或服务方案在使用场景中进行试验，并对反馈结果进行评估。

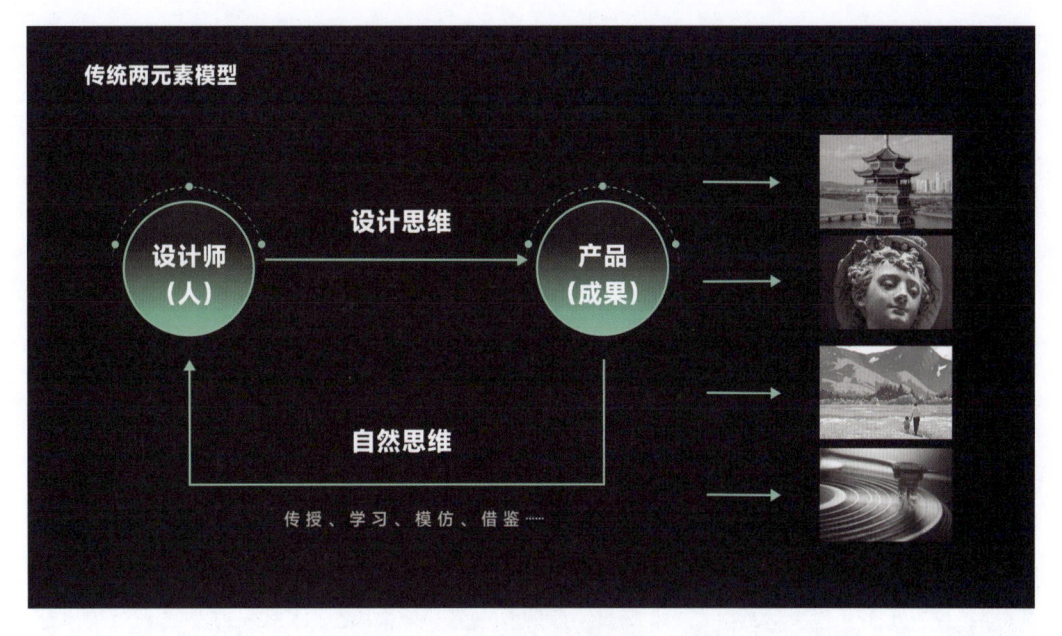

图1　传统两元素模型

除以上五步外，本人认为应在最后增加一个"反思"步骤，也就是利用自然思维对前五个步骤中所获得的经验、知识、技能等进行复盘和总结，得到的结果均能够为后续类似活动带来价值。这样通过结合自然思维就可对设计思维进行不断的循环和演进。

从宏观周期看，从构思到产品中会有很多阶段，而每个阶段又有类似微观周期中的小循环。虽然整个设计周期中会有阶段跳跃，但是仍然存在若干轮的微观周期小循环。所以在宏观周期里，设计师的任务是理解问题所在，并将设计愿景具象化。

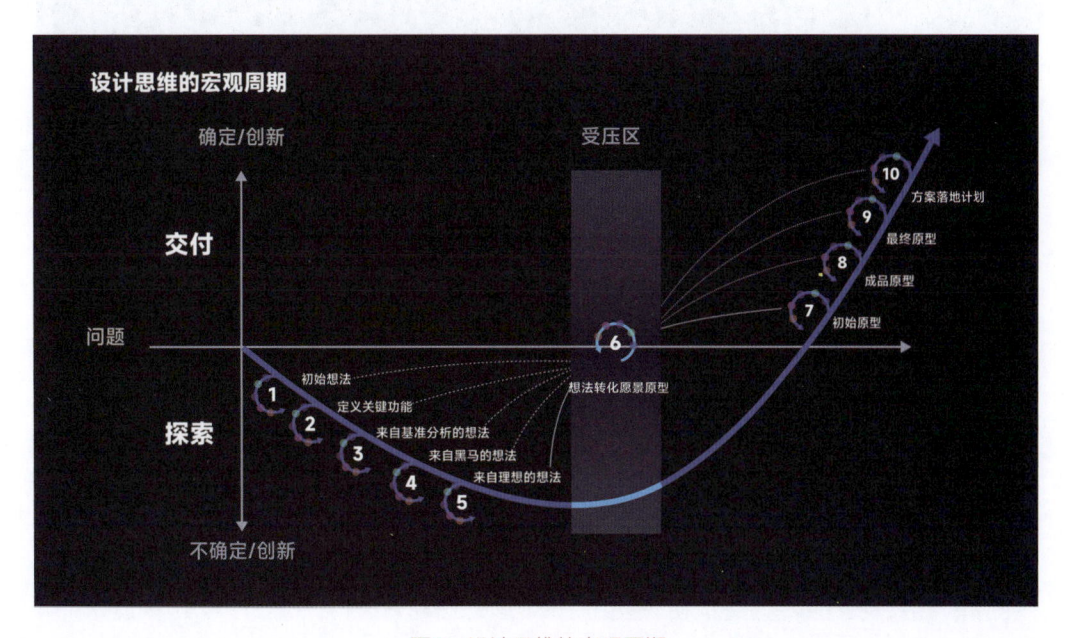

图2　设计思维的宏观周期

结合微观和宏观周期，并有针对性地进行适用于设计行业的总结可知：从整个设计工作流程上看，通过设计思维五步骤是为了可复制、系统化地进行设计思维的实操，当然，在这个过程中又非常强调基于反思的创新。

2. 三元素模型的方法论

以信息技术为特征的第三次工业革命，产生了以计算机为核心的一系列强势技术工具。各行业在时代浪潮下开始利用信息技术对自身进行以效能提升为目标的改造、升级、迭代。

当信息技术进入设计行业时，以计算机为载体的辅助软硬件工具已经全面深入并重塑了设计全生命周期。传统的两元素模型在信息时代下增加了"辅助软硬件（机）"这个重要的强势新元素。设计师开始通过软硬件工具来将需求、构思、创意等活动转化为产品。通过利用"辅助软硬件（机）"大大提高了设计行业整体的效率和产出价值，并引导行业围绕辅助软硬件进行方法论和思想的探索和研究。

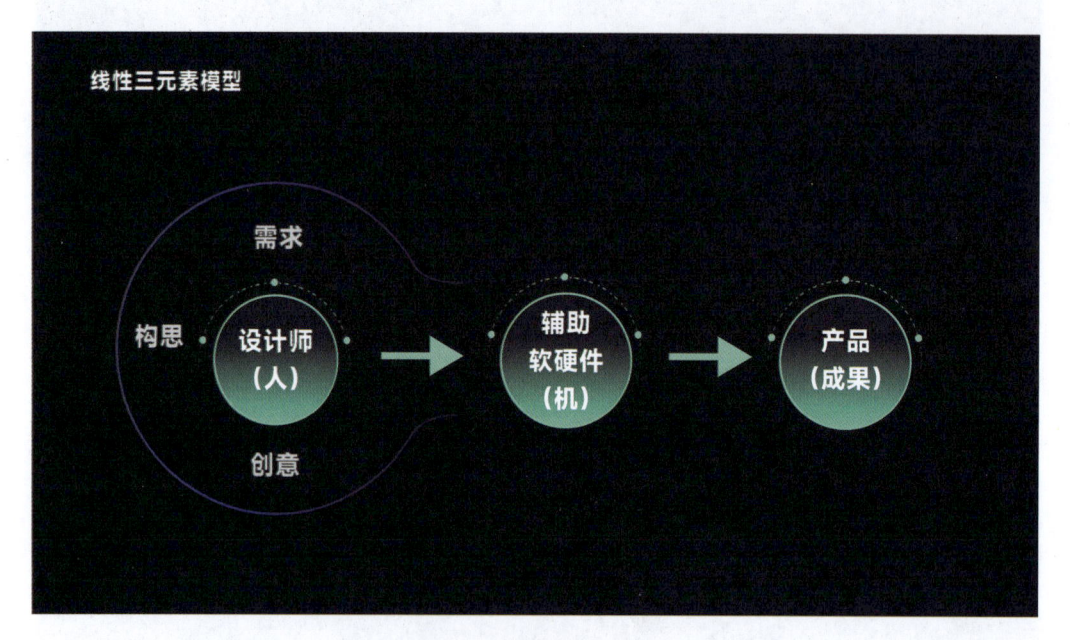

图3 线性三元素模型

通过以上发展趋势可以发现：强势新元素的加入必然会对原有行业产生颠覆性影响，并在各元素完成动态平衡调整之后，重塑出一种新的平衡关系。

在全行业进行信息化升级的过程中，商业竞争激烈程度必然随着行业整体效能的提升而加剧，由此对从业人员的专业和技能要求也会日渐提高。

在发展中不断整合商业和管理类科学理论后，企业不断将各种新方法论和思想运用于自身的商业活动，以期提高在市场中的竞争优势。但其重点仍都聚焦在业务、技术、管理三个具体维度上，而这些又成了影响三元素模型的主要外部因素。

原本线性的三元素模型逐渐在竞争和内卷中形成闭环。设计师在设计思维下创造并利用软硬件工具。然后，软硬件工具在计算思维下按指令输出产品，而这些产品又被设计师在自然思维下回馈和积累，并成了设计师开始下一次循环的素材。三元素之间形成稳定转换循环关系，并由此产生了新的方法论和设计思想，在此循环中的设计师也完成了自我驱动和自我成长。

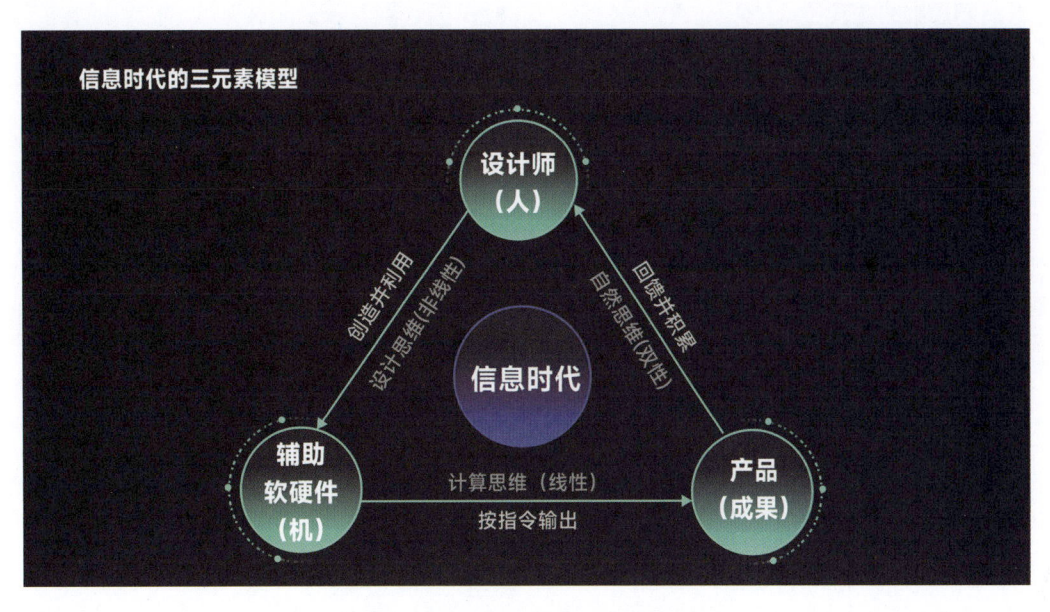

图4 信息时代的三元素模型

虽然，信息时代辅助软硬件元素的融入使传统二元素模型迭代成了新的三元素模型，但设计思维的核心并没有改变，只是更具象化，最终仍是在商业、技术、设计三者之间去寻求最佳价值的动态平衡点。

图5 最佳价值平衡点

二、平行线二：计算思维

1. 计算思维的体系

在了解设计思维后，我们回归到三元素模型中的另一条平行线——计算思维。

什么是计算思维？计算思维可以简单地理解为像计算机一样思考，但是实际的范畴会更大一些。

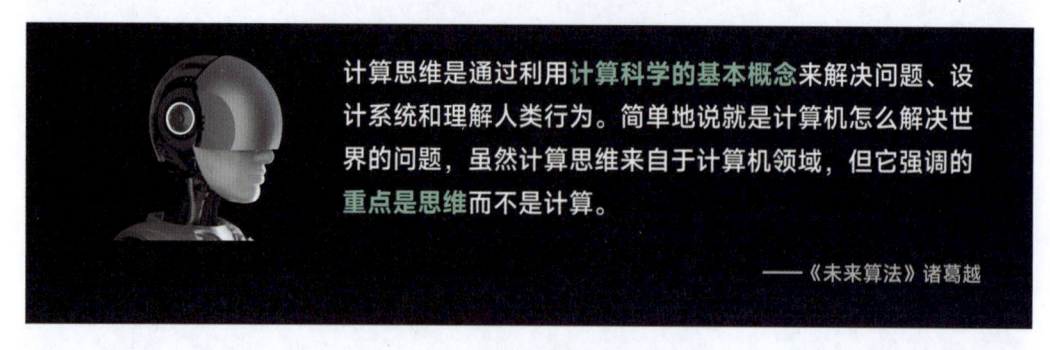

> 计算思维是通过利用**计算科学的基本概念**来解决问题、设计系统和理解人类行为。简单地说就是计算机怎么解决世界的问题，虽然计算思维来自于计算机领域，但它强调的**重点是思维**而不是计算。
>
> ——《未来算法》诸葛越

图6　计算思维的定义

计算机作为计算思维下的典型产物，其自身运行依赖于各种程序，而程序可以简单看作是算法的各种排列组合。所以，计算思维的核心是算法，可以说是算法构成了计算机的运行基础。

人生活在物理世界中，通过自然思维下形成的各种方法论去理解世界并解决实际问题，计算机很显然并不能像人一样去感知和理解。计算机存在于数字世界，只能通过算法组合成的计算思维去模拟物理世界并解决计算问题。

计算机与人相比，其最大优势就是其天生的强大计算能力。同时，计算机还具有可规模化的能力，而一切算法的目的都是最大限度地去调度并利用计算机的这些能力。业界公认的计算思维包含分解、抽象、算法和模式识别，而这些也是计算机解决问题的基本步骤。

2. 计算思维下诞生的人工智能

在应用人工智能前，个人的工作和精力都是局限于若干领域的。相似地，企业的业务和投入也是在单一或关联领域进行的。对于企业而言，只有围绕业务去结合不断发展的技术，才能在商业竞争中提升优势。

但是应用人工智能后，基于大模型的工具在完成针对性训练后就能极大地将个人从工作的重复性中解放出来，使人的精力得到很大程度的释放。在提高效率的同时，让人有时间去进行深度的思考并重新发展工作的新价值。同样的，企业利用基于私有化的大模型工具，也使得自身在降低投入的同时，有更多的资源投入新领域，并且基于真实企业数据训练出来的私有化大模型还可以极大地提高企业在关键决策上的效率和准确性，使得企业可以有更多全新的视角去探索自身的商业模式和创新路径。

要理解未来，就要先回望过去。从历史规律看，任何一项划时代的技术突破都不是突然爆发的，在它出现之前，构成它的一系列关联技术都是逐个完成突破的，只有当最后一个技术突破完成时，我们才能窥见它的全貌。

回望过去十多年互联网领域的发展，我们猛然发现，这一系列技术的突破都是为了人工智能的爆发而做的铺垫。

互联网的演进

2008-2010 智能手机和移动应用的兴起
- 智能手机普及
- 移动应用商店
- 三网融合的推进
- 团购网站
- 网民数量超过美国

2011-2014 社交网络和大数据
- 4G 商用部署
- 社交媒体的扩展
- 大数据技术应用
- 移动支付的兴起
- 电子商务
- 网络安全及信息化

2015-2017 云计算和物联网
- 人工智能兴起
- 物联网发展
- 区块链技术探索
- 云计算服务
- VR和AR

2018-2020 人工智能和5G突破
- 5G 商用部署
- 人工智能的广泛应用
- 边缘计算崛起
- 远程办公和
- 在线协作普及

2021-2022 后疫情时代的数字化转型
- 云计算技术突破
- 人工智能持续发展
- 元宇宙的兴起
- 网络安全增长
- AIGC 应用

图7　互联网的演进

本轮大模型的突破，最主要的两个特征是"智能涌现"和"智能开悟"。

所谓大模型，是指由足够多参数所构成的"大语言模型"，而在大模型"参数量"达到千亿数量级后，辅以足够的训练数据和时长，就使得大模型自组合的新系统产生了远超参数简单叠加效果的现象，这就是"智能涌现"。

而"智能开悟"就是另一个更神奇的现象。虽然大模型通过数据进行训练，但训练后，就能够理解很多并不在数据中的现象、事物和规律，比如各种脑筋急转弯。

三、AI 时代下设计思维与计算思维的交叉

1. 设计师的困惑

设计师日常工作中经常会与技术人员就某些问题产生思维分歧，而这两类人群恰恰是最具代表性的：设计师是设计思维的代表，技术人员是计算思维的代表。我们能从两类人群的实际交流中发现这两种思维的冲突。

在大模型爆发前，"设计思维"和"计算思维"是两条并不强关联的相对平行线，它们有着各自的原理、体系和方法论。

随着大模型的迭代和迸发，强大的人工智能技术逐渐通过其应用范围的巨幅扩张而模糊了设计思维和计算思维原本的边界。而大模型本身的路线优势，又使得原本以"年"为单位的技术演变，在资源足够的前提下，可以成为以"月"，甚至是"周"为单位的技术大爆炸。这些都是之前人类既不能也不敢想象的，基于人工智能，仿佛未来一切可能。

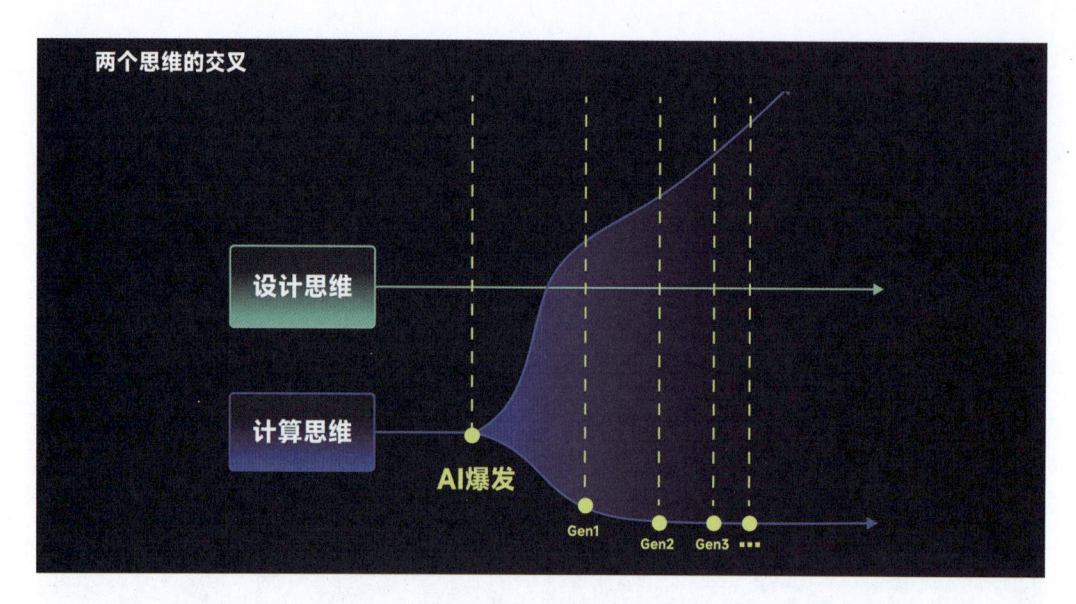

图8　两个思维的交叉

在这种背景下，设计师猛然发现：自身的定位、发展和价值都在被 AI 冲击，以至于陷入了对技术和未来的迷茫。特别是针对设计的生成式 AI 大量应用后，设计行业需要直面两个灵魂问题：①不需要设计师就可以用 AI 输出设计产品；②设计师无法自然理解 AI 产品的设计。

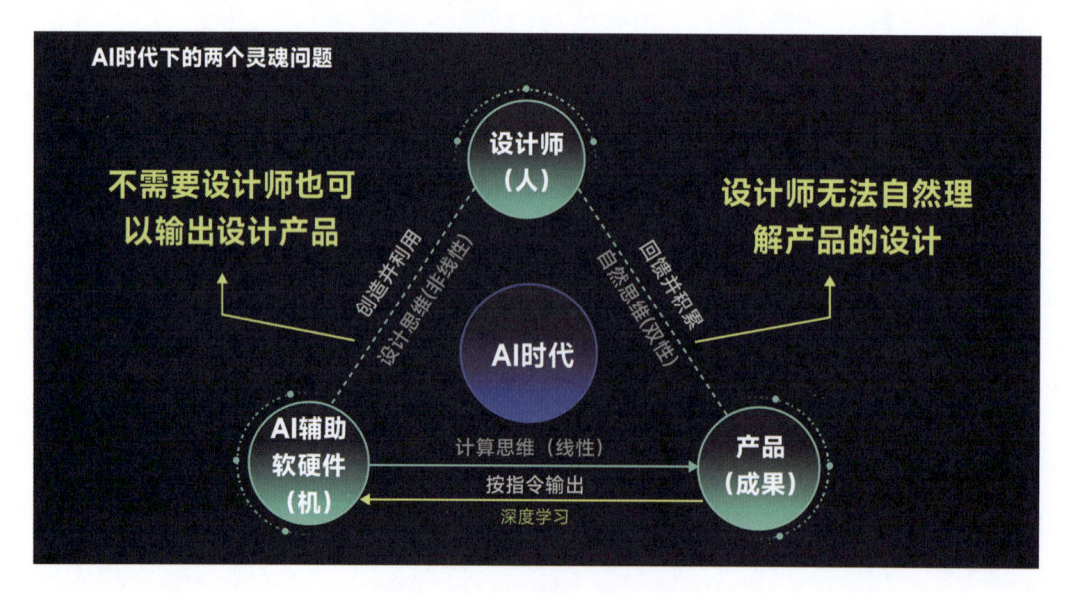

图9　AI时代下的两个灵魂问题

2. 两种思维优缺点的对比

一切事物都具有两面性，因此，我们需要通过对比研究，客观地做到知己知彼。

当设计师和 AI 面对同样问题时，计算机由于其天生计算能力和规模效应，在应对算法可解决的复杂问题时更具优势，特别是部署人工智能后，使其具备了自学习的能力，更能放大这种优势。

知彼

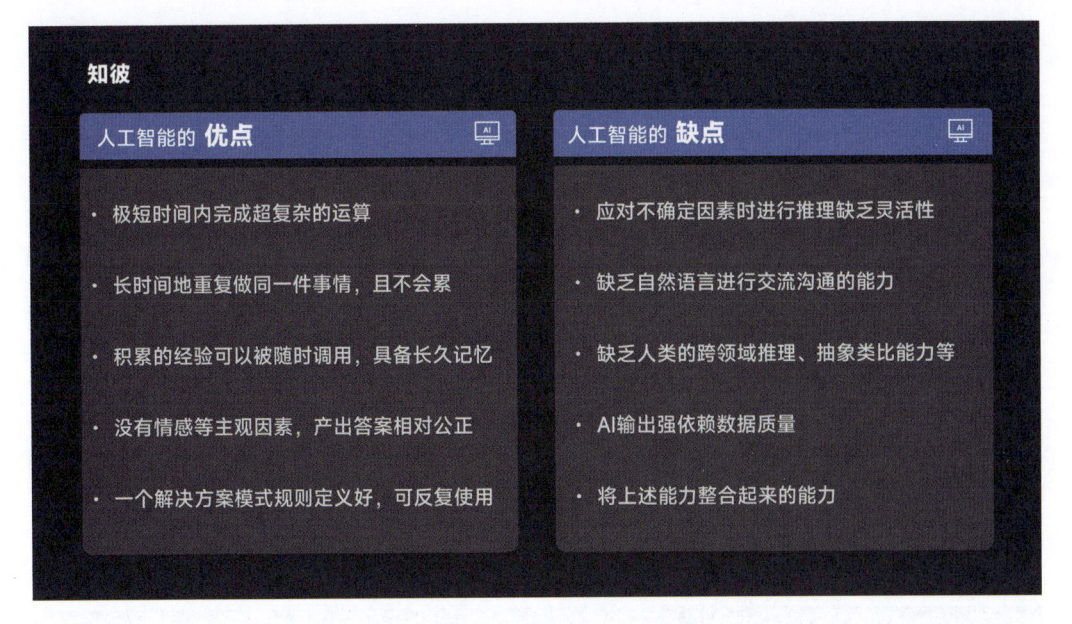

人工智能的 **优点**	人工智能的 **缺点**
• 极短时间内完成超复杂的运算 • 长时间地重复做同一件事情，且不会累 • 积累的经验可以被随时调用，具备长久记忆 • 没有情感等主观因素，产出答案相对公正 • 一个解决方案模式规则定义好，可反复使用	• 应对不确定因素时进行推理缺乏灵活性 • 缺乏自然语言进行交流沟通的能力 • 缺乏人类的跨领域推理、抽象类比能力等 • AI输出强依赖数据质量 • 将上述能力整合起来的能力

图10 知彼——人工智能的优缺点

但是，设计师的优点是独特的创造力、情感共鸣和个性化的审美能力，这些是大模型通过计算模拟难以实现的。设计师能够进行抽象思维和跨领域推理，这也是目前大模型在面对自然语言交流和整合多种能力实现目标方面所欠缺的。

然而，设计师也面临着不确定性推理、宏观规划和跨领域学习的挑战，而这些又是大模型可以辅助设计师进行提升的领域。

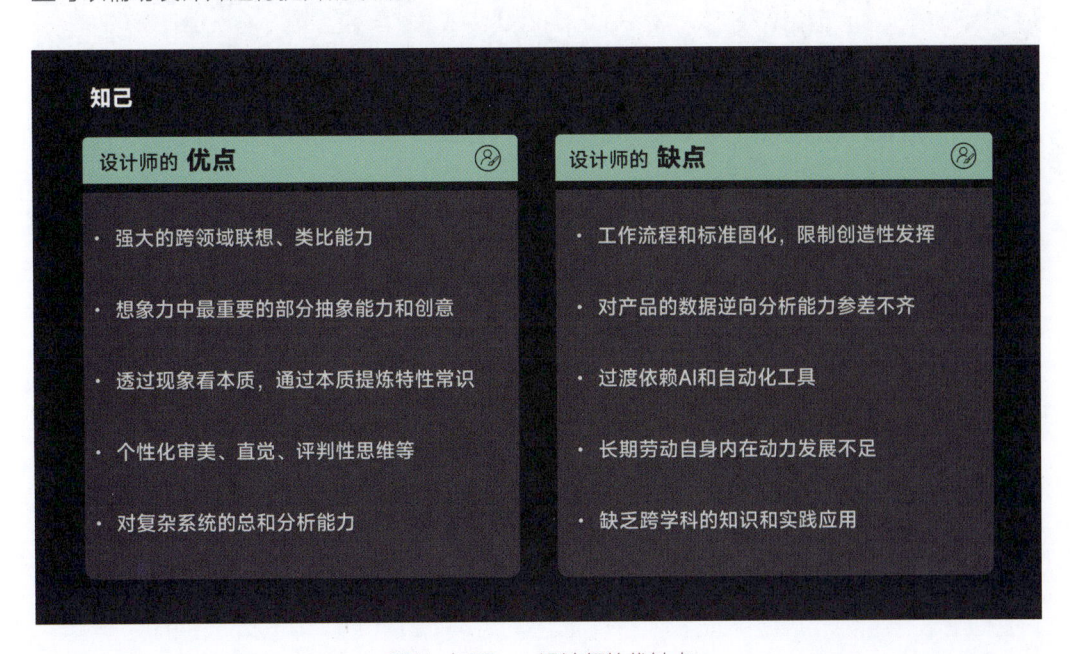

知己

设计师的 **优点**	设计师的 **缺点**
• 强大的跨领域联想、类比能力 • 想象力中最重要的部分抽象能力和创意 • 透过现象看本质，通过本质提炼特性常识 • 个性化审美、直觉、评判性思维等 • 对复杂系统的总和分析能力	• 工作流程和标准固化，限制创造性发挥 • 对产品的数据逆向分析能力参差不齐 • 过渡依赖AI和自动化工具 • 长期劳动自身内在动力发展不足 • 缺乏跨学科的知识和实践应用

图11 知己——设计师的优缺点

为此，我们不应该把大模型简单看作是竞争对手，而是应该把它当作完善自我的工具。

四、AI 时代下的设计师再定位

1. 新质生产力

改革开放四十多年，国家已进入了以高质量为目标的发展阶段，而要实现高质量发展就需要新生产力理论。新理论的目的就是要摆脱过去阶段传统经济增长方式和传统生产力发展路径的束缚。为此国家适时结合国情提出了新质生产力理论。

在新质生产力理论中，始终以创新作为主导，并围绕创新展开，强调将创新融入产业的发展和升级之中，在产生相应的新型科技资源后，又反馈并投入新质生产力自身的发展之中，以此形成一个创新主导型的产业和科技相结合的正循环。

只有通过坚定不移地发展新质生产力，才可以摆脱传统经济增长方式和生产力发展路径，适应新时代下的以高科技为主的国际竞争。而基于创新的新质生产力天然就具有高科技、高效能、高质量的三大特征，是符合新发展理念和目标的先进生产力质态和最优解。

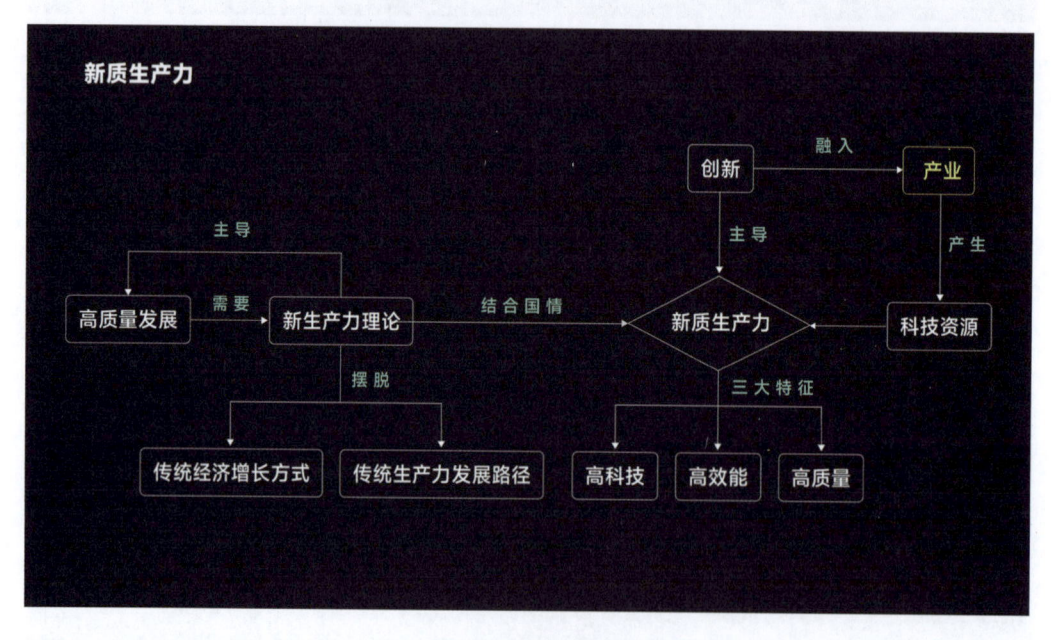

图12　新质生产力

2. 设计新质生产力

设计新质生产力是新质生产力在设计领域的延伸和应用。其特点是创新，关键在质优，本质是先进生产力。"新"强调以创新为核心，"质"强调以质量为目标，"生产力"是"创新"和"质量"的结合点和发力端。

在人工智能技术的加持和影响下，设计行业的创新技术、生产工具和行业本身都共同变革并催生出了对设计新质生产力的需求，而这些又共同影响和推动了设计产业的发展趋势。基于设计新质生产力的指导，设计全要素在每项子要素都跃升的基础上进行了优化和组合，从而实现了设计新质生产力的产生和发展。

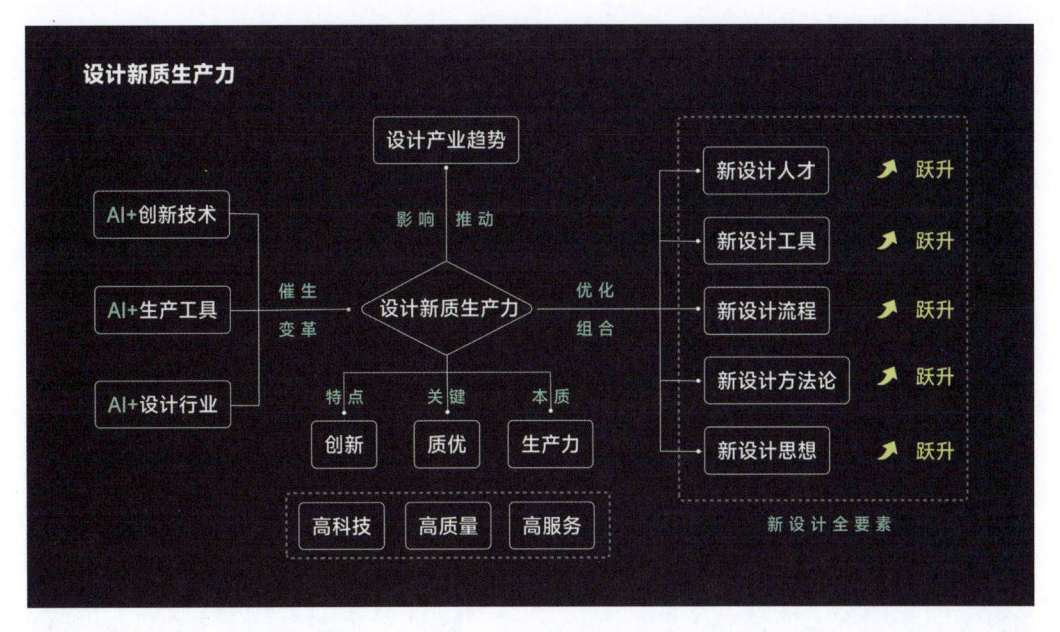

图13 设计新质生产力

传统设计生产力基于设计师、设计工具和流程，而在人工智能融合改变后，这三个要素都发生了跃升式的质变。基于新设计人才、新设计工具和新设计流程又必然会催生新设计方法论和新设计思想，这些又共同构成了新设计全要素。

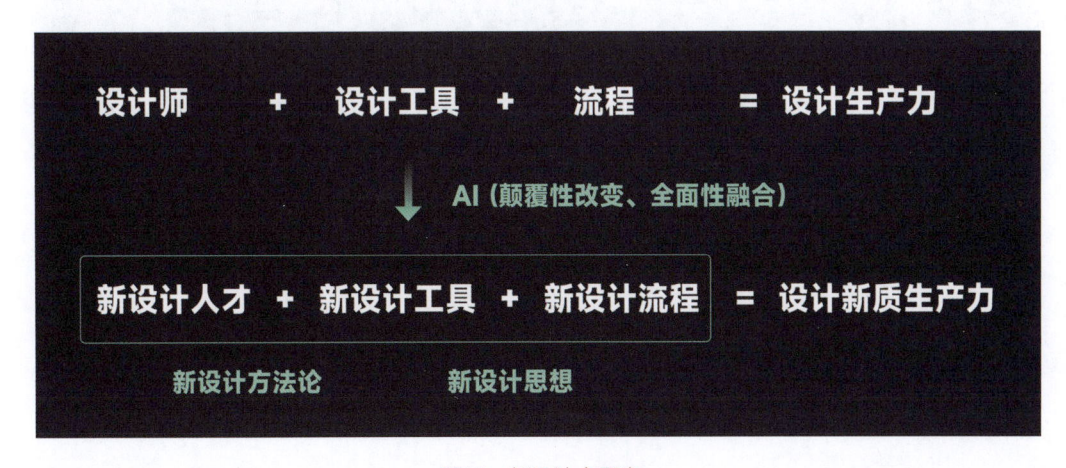

图14 新设计全要素

设计新质生产力的改变和影响体现在以下五个方面：

（1）新设计人才：时刻跟随行业变化，密切跟踪技术演变，并充分学习和利用新技术工具的人才；

（2）新设计工具：以大模型为基础打造的一系列软件工具和设计平台；

（3）新设计流程：人工智能已彻底改变传统设计流程，新设计流程更多地向两端化发展，既向前端深层次理解需求，又向后端高效能把控质量；

（4）新设计方法论：大模型作为设计行业下一个阶段所依据的核心工具，基于其特性的新设计方法论必然会在实践中不断被总结和发展；

（5）新设计思想：设计师需要打破旧有思维的固化，以发展和变化的思维去理解新时代的设计规律，充分结合设计思维和计算思维，使用大模型进行设计价值、思想的再探索和研究。

总而言之，设计新质生产力虽然以创新为核心，但其并不意味着对传统设计的颠覆。其真正的目的是将各种先进技术融合进入传统设计，以创新进行改造，以技术进行升级，来完成对传统设计高质量、高效能的赋能和重塑。在此过程中，设计师要充分发挥大脑两个半球的优势，充分融合设计思维和计算思维，进行自我学习和成长升级。

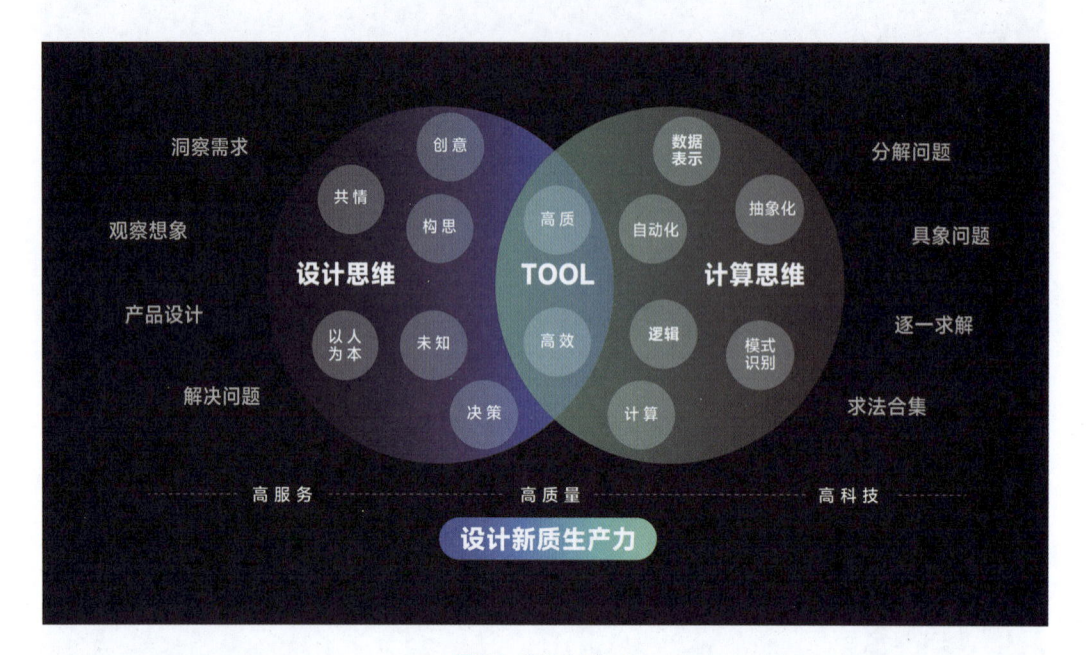

图15　新设计人才

3. 设计新质生产力的实践

利用大模型与多个产品紧密交融的实践可以得出，现实业务中最重要且投入最多精力的阶段就是在设计前期对业务和需求进行深度理解。很多设计师都是依靠上游产品经理的输入去进行设计的，这样的方式导致在实践中很难将底层设计逻辑想明白，不仅耽搁进度，浪费资源，也把握不准真实需求。

现在以大模型为工具，结合业务场景，就可以快速进行针对性的探索和研究。通过问答形式调度大模型的搜索和理解能力，实现更高效的业务分析和需求理解，这对于设计来说，在提升效率的同时也能更精准地把控需求，从而在源头上提高质量。无论B端还是C端的业务形态，都可以通过调度大模型进行深度学习，为后续设计的产品做好充足准备。

需要强调的是，设计新质生产力既不是口号，也不是空谈，其真正的内涵和价值是保持开放积极的心态去将各种先进技术（思想）融入传统的设计里面，产生创新资源并形成正向循环，其产生的效应和结果是能实实在在被设计师理解和感受的。

五、新质生产力赢在 AI 时代

虽说基于大模型路线的人工智能技术已经相较以往取得了巨大的突破，但是我们冷静客观地去观察，会发现其仍与预期有着不小的差距。

现阶段通过堆叠参数来进行发展的大模型演进路线，中长期来看仍具有局限性，且短期内就会产生边际效应。另外，目前大模型缺乏实际的颠覆性应用场景支撑，其自身应用和价值也还在不断探索过程中。

因此，设计师暂时不用担心被人工智能完全取代，但新时代的趋势已经显现出来，不得不引起重视。在理解大模型原理和逻辑后，设计师们更应该及早看清并准备应对未来基于大模型的行业发展趋势。

从大模型的优势来看，未来会有相当一部分的设计工作被替代，比如：

（1）已可通过自动化设计工具生成设计的工作；
（2）由训练、数据总结可以标准化定义的设计工作；
（3）简单、重复性较强的设计工作。

在 AI 时代，设计师（人）、AI 辅助软硬件（机）、产品（成果）对自身价值进行堆叠和重复后形成了新的三元素模型。

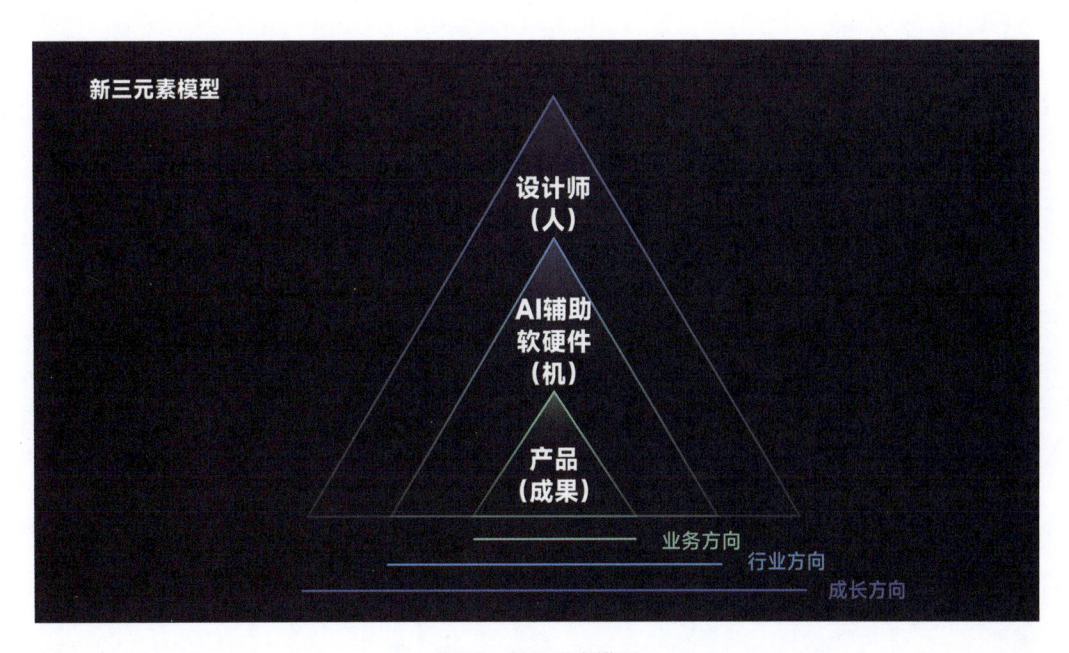

图16　新三元素模型

未来，产品的设计需要紧密关注业务的方向，而 AI 辅助软硬件工具也会与行业方向伴生，对于设计师来说，只有努力跟上这些变化的步伐，并成为技术工具的"执剑人"，学会结合自身丰富的经验去利用 AI 强大的能力，才能在 AI 时代下重新定位自身的价值。

因此，我们希望设计师在阅读完这篇案例后，能够深刻地理解：一切技术的本质都是"工具"，而衡量工具好坏的金标准只有三个字"看疗效"。

黄婷

高级交互专家、华中科技大学工商管理硕士、信息系统项目管理师、工信部高级用户研究工程师。曾荣获 IXDC 讲师证书和 UXACN 全国案例创新大赛优秀案例奖项。从事用户体验工作 13 年，具有 9 年项目管理经验。专注于以设计为起点，主导设计从构思到产品的全生命周期，涵盖但不限于制定设计系统、产品设计、数据分析、方法论沉淀等多维度工作，具有丰富的跨团队协作经验，及相应商业成功案例。

21 让设计变得可预测——搭建一套普适性的感知体系

◎ 王涛

在产品运营的多个环节中，"感知"是一个经常被提到的关键词。它不仅在产品功能的设计中扮演重要角色，也在营销增长和品牌传播的触达中发挥着至关重要的作用。我们经常强调要给用户传递特定的感知，或者强化某种感知，但很多时候，这种策略似乎只是针对特定项目而采取的散点应用。然而，如果能从更系统的角度出发，将"感知体系"作为一种可以开启多种锁的方法，那么它将具有更大的实用性和影响力。通过建立一套完整的感知体系，我们可以从务实、可落地、可拿结果、可影响全业务链条的角度来分析产品视角，从而为产品运营带来更多的机会和优势，更能有效提升协作效率。

感知体系不是新的词汇，是一个新的系统性思考的维度和方法；本文不会讲到太多设计的过程和具体的设计细节，在各要素的操作实务中，仍然遵循最基础的设计原则。

一、为什么要讲"感知"，现实工作场景中遇到过哪些问题

很多设计师，包括很多工作年限比较长的设计师，在工作过程中往往存在忽视甚至歧视常识同时又习惯于当弄潮儿的现象，在复杂的问题或寻求创新时普遍会倾向于寻找新奇或复杂的解决方案，而忽略了那些简单而有效的常识性答案。另外，缺乏系统性思维，往往缺失普遍的全局观念，不能有效地将设计要素高效整合在一起，形成统一的设计语言。他们可能是不熟悉设计系统或者模式，导致设计会出现一定程度的问题，同时也过度依赖工具。现代设计工具功能十分强大，但很多设计师过分依赖这些工具，而忽略了设计背后的基本原理和理论。他们可能会认为工具可以解决所有问题，而忽视了设计当中的原理和逻辑以及用户体验。作为设计师最容易的是获取技法，其次是拿来主义，最难的是形成思维，要么捧着技法埋头苦干，要么唯方法论。这是更致命普遍存在的舒适怪圈。

想要成长为一个成熟的设计师应该经历哪几个过程？在我的经验和理论当中可以分为四个阶段。第一个阶段是感知阶段，它的对象是中低阶的设计师，这个阶段最重要的是夯实基础和找准思路，为后续能够解决更加复杂的设计问题和项目打好基础。第二个阶段是理知阶段，面对的是高级到资深设计师，在这个阶段他们最重要的是做到方法的内化，同时做到大胆地创新。第三个阶段是自我阶段，其对象是专家及以上的设计师，有了感知和理知的坚实基础之后要做到传道有方。在这个阶段，我们已经将方法和理论内化，这时需要将我们的经验、常识传递给更多年轻的设计师，甚至是合作的其他职能同学。第四个阶段是"元"设计师，这个阶段我愿意称它为思想者。他要做的是"设计"设计师的自运转系统，"设计"设计本身的自运转系统，"设计"完整体验链路的自运转系统。

每一个设计师在工作当中都接到过这样的需求——提升用户或产品的某种感知，如友好、优惠、省钱、便捷、安全等。我们要思考的是，当上游提出这样的感知类型需求的时候，他们是否明确要传达给用户的是某种感受，还是希望用户对你的产品产生某种逻辑认知，这个前提是至关重要的，也是经常会混淆的一个概念。

但在界面呈现和实现上，往往又掺杂着复杂的、多样的逻辑认知。同时将这种混淆的方式应用在了大量的产品和项目需求当中，作为设计师，如果我们能够从更系统的角度出发，准确地解读来自于上游的关于感知的需求，将感知体系作为一种可以开启多种锁的方法，而不是只针对特定类型项目或需求采取的散点应用。如此一来，感知体系将发挥更大的影响力。

二、什么是"感知"，什么是"理知"

关于"知"，在历史的长河中东西方的各种学派有多种解读，但都不约而同地大致两分为"感知"和"理知"。

简单地说，感知是用户通过视觉、听觉、触觉、嗅觉和味觉这些感官渠道对产品的直接体验和心理反应，我们可以引申为用户通过感性认知对产品做出的直接反应。从哲学的角度来说，有一个术语叫作 Whatness（本质），专注于事物的普遍定义性的特征。感官渠道中针对我们的设计工作范畴最重要的是视觉，它在感知中具有突出的领先地位，具有优先性。"看"是一种探究，是主动的、探索性的、语言化的。像"你看懂这件事了吗""这你都没看出来""I see""主/客观""见识"这些惯常的表达说明视觉是高度语言化的，这些认知词汇多半是视觉词汇，包括设计中常说的"所见即所得"的深层含义：我看到了 = 我知道了。举个简单的例子来帮助大家理解：小米汽车外宣物料主要突出外观的流线、多彩和酷炫，强化的是目标用户对年轻、极致和经典的追求，而理想汽车的外宣则主要突出车内空间的温馨、场景化和智能化，强调家庭用车场景的极致体验。

理知，是通过思维加工、概括、分析和综合感性认识，达到对事物本质和规律的认识，它是对客观事物的抽象概括和系统的了解，引申到设计上是用户通过理性认知来分析和评估产品或服务的信息，包括性能、价格、功能等方面，他们会根据逻辑和理性判断做出决定。比如诸多 App 中经常用到的阶梯奖励，强调的是阶段式的进阶获得，这就需要用户进行成本和收益的评估。

当然，我们必须要了解的是感知和理知有不可割舍的关联关系。感知是理知的开端，是认知的过程。从心理学角度看，人类的思维活动，遵循以下步骤：欲望→感觉→认知→意识→概念→观点→思想。原点是自我本能的欲望，这是思想的原动力和行动的驱动力；有了欲望就会发生感觉（感知），就会产生选择，没有选择就没有认知；然后就会产生认知（理知），如分辨、记忆、联想、归纳、推理等；当感觉被认知后，就形成了意识，不同来源的信息以意识的形式迅速积累且有所区分时，则产生概念；众多不同范畴的概念被再认知时就出现了观点；当所有的观点被统一认识后，形成世界观，不同的世界观，导致不同的思想。前面有提到过我们要尊重常识（规律），运用常识（规律），所以我们在产品体验中不要总想着教育用户，我们要做的是让感觉发生且持续地发生，用户会自然而然地进行选择，在感知、选择、认知的交替过程中，形成持续性选择，最终建立起主观思想和行为习惯。

三、感知体系的运转逻辑

感知体系的运转逻辑分为构建逻辑和应用逻辑。

构建逻辑，从共建设计原则开始，依次是归纳感知类型、定义感知强度、探索最佳链路、构建原子组件库、匹配业务需求。应用逻辑，从分析用户目标开始，依次是选用感知类型、匹配感知强度、复用最佳实践、调用原子组件库、满足设计原则。

从用户目标到业务需求，我们始终明确这两个核心点。从用户目标开始进行需求解读，设计思考和价值传递，从而匹配业务需求。同时基于业务需求，将业务的核心价值作为底层能力，然后通过感知体系进行传导，进而应用在体验的全流程当中，其中业务的核心价值需要业务进行定义，设计配合抽象。感知体系中的感知类型，如体验感知、营销感知、品牌符号感知等需要和业务进行充分共识。我们将感知强度分为轻度感知、中度感知、深度感知和强烈感知。同时需要与包括但不限于产品运营、技术、市场等部门合作，并进行充分共识共建。当然无论是感知类型还是感知强度，依然遵循最常用、最具共识性的设计基础原理和方法，如格式塔、尼尔森可用性原则、福格模型等经典理论。

最终我们的目标是希望在业务全量链条当中，共同构建丰富的弹药库和统一的实施步调，形成感知体系的体验思维模式，践行感知体系的实务方法。

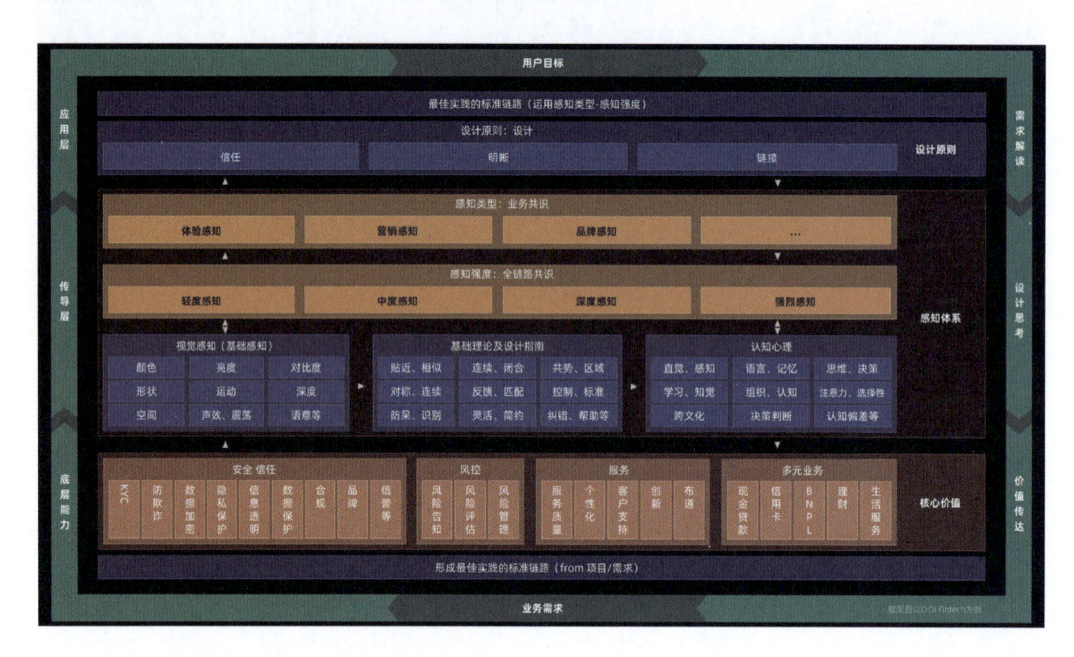

四、感知体系各要素的特性、原则

前面有提到感知体系的要素是设计原则、感知类型、感知强度、最佳实践、原子组件、业务需求和用户目标。下面我们分别针对这些要素的构建和应用做拆解分析。

1. 共建设计原则

设计原则是指导设计决策的基本准则和规范，旨在提高设计的质量和用户体验。常见的设计原则，如一致性、温度、易用、愉悦、情感化、安全、亲和力、智能等。在实务中，相信很多设计师一定产生过不同程度的疑问：为什么一定要定义设计原则；在实际设计过程中其指导作用似乎不大；总体有种虚无缥缈的感觉。如果有这些想法那我们不禁要问问自己为什么会有这种感受，极大概率就是为做而做所导致的，一套好的设计原则不仅要提供明确和具体的指导，还要具备灵活性和适应性，以应对不同项目和情境中的挑战。应以用户为中心，注重可用性和创新，同时具有长期的适用性和可验证性，确保设计的持续改进和优化。应以业务目标为核心，支持品牌塑造和市场增长，同时具备战略性和灵活性，确保设计能够适应业务需求的演变和变化。形成基于体验和市场的观点，激发用户和业务的共鸣。

一套好的设计原则的特性如下：

（1）基础特性：清晰简洁、全面。

①易于理解：设计原则应明确简洁，不含歧义，使设计师能够快速理解和应用。

②简明扼要：使用简洁的语言表述，避免复杂和冗长的描述。

③覆盖广泛：设计原则应涵盖设计过程中的各个方面，包括视觉设计、交互设计、信息架构等。

④系统性强：形成一个完整的系统，提供全面的设计指导。

（2）应用特性：可操作性、一致性。

①具体指导：提供具体的指导和案例，帮助设计师在实际设计过程中应用这些原则。

②实用性强：能够在实际工作中直接应用，解决具体的设计问题。

③统一标准：原则应互相支持和补充，形成一致的设计框架，避免冲突和矛盾。

④标准化：在整个设计团队和项目中保持一致，确保所有人遵循相同的设计理念和方法。

（3）用户导向：用户需求、文化匹配。

①关注用户需求：设计原则应以用户需求和体验为核心，确保设计的结果符合用户的期望和使用习惯。

②强调可用性：优先考虑设计的可用性，确保用户能够轻松、高效地完成任务。

③跨文化理解：考虑不同文化背景和地域的用户需求和习惯，确保设计在全球范围内的适应性。

④尊重多样性：尊重和包容不同的文化和社会背景，设计符合多样性需求的产品。

（4）灵活性与创新：适应性强、创新前瞻。

①适应性强：设计原则应具有一定的灵活性，能够适应不同的项目和情境。

②不僵化：允许设计师根据具体情况进行调整和创新，而不拘泥于固定的规则。

③鼓励创新：设计原则应激发设计师的创造力，鼓励他们探索新方法和新思路。

④前瞻性：能够预见未来的设计趋势和用户需求，指导设计师做出具有前瞻性的设计决策。

（5）评估与可持续性：可验证、可持续。

①可评估：设计原则应能够通过用户测试和反馈进行验证，确保其有效性和合理性。

②可衡量：能够定义具体的衡量标准，评估设计是否符合原则。

③长期有效：设计原则应具有持久的适用性，能够在较长时间内保持有效性。

值得注意的是很多设计师在实务中极容易将设计理念/原则、设计模式、设计模型、设计系统混淆。它们之间存在一定的包含和依赖关系。

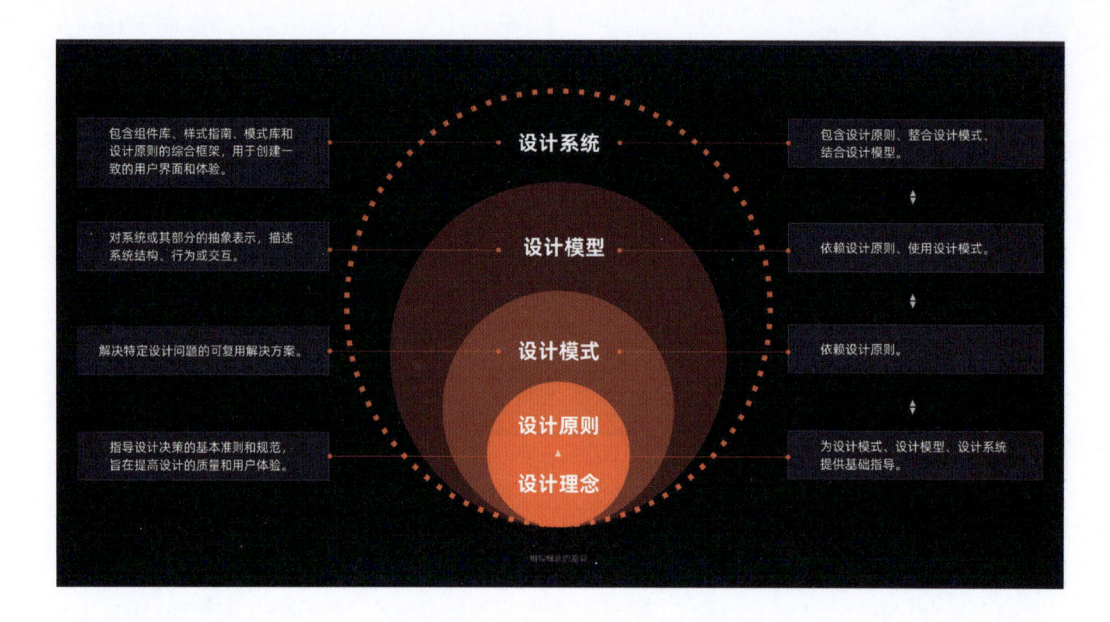

[图示：设计系统 / 设计模型 / 设计模式 / 设计原则 / 设计理念 的同心圆结构]

左侧说明：
- 包含组件库、样式指南、模式库和设计原则的综合框架，用于创建一致的用户界面和体验。
- 对系统或其部分的抽象表示，描述系统结构、行为或交互。
- 解决特定设计问题的可复用解决方案。
- 指导设计决策的基本准则和规范，旨在提高设计的质量和用户体验。

右侧说明：
- 包含设计原则、整合设计模式、结合设计模型。
- 依赖设计原则、使用设计模式。
- 依赖设计原则。
- 为设计模式、设计模型、设计系统提供基础指导。

2. 归纳感知类型

根据自身业务的不同，可以归纳出很多种感知类型。我们以滴滴海外金融为例，对息费额度、信息安全、合规隐私、营销等二十余类感知分别做了完整的感知建设。我们最终归纳为三大感知类型：体验感知、品牌符号感知和营销感知。

归纳感知类型需要有明确的原则，这样才能做到精确、有的放矢。

（1）共性的使用方式：用户在不同情境下的共性使用方式。这有助于建立具有一致性和可预测性的用户体验，无论用户在何时何地与产品或服务互动。

（2）共性的表达方式：可以在各种情境下使用相似的方式来传达特定类型的感知。这有助于品牌建立统一的感受和视觉风格。同时，用户也能有迹可循。

（3）大量的应用场景：确保定义是全面的。感知类型应该能够适用于各种应用场景，无论是关于产品、服务、品牌或其他方面。

（4）连贯的体验链路：应具有连续的体验路径，可以是连续的指引，具有明确目标的流程。用户在交互期间能流畅地完成核心需求，可以是多场景协同地完成同一目标，具有复用性。

3. 定义感知强度

当共建完设计原则归纳出感知类型后，我们需要定义出清晰的感知强度来匹配目标不尽相同的业务和用户需求，以更准确地传递不同程度感受，便利用户获取信息促成行为。

我们从色彩使用、排版设计、图形元素、质感细节、文案表达、动画效果这六个方面定义出轻度感知、中度感知、深度感知、强烈感知。它们之间呈渐进关系逐步加强用户感知。比如色彩从柔和低饱和度到高饱和度高对比度的组合使用，制造强烈的视觉冲击；排版从简洁轻量到信息层次的丰富，明确合理运用格式塔原理有的放矢地引导用户关注到最核心的信息模块。设计师可以结合自己的产品做检索对照。

（1）轻度感知 – 感知：用户对视觉信息的初步感知，通常不占据用户的主要注意力，起到背景或辅助作用。

（2）中度感知-影响：用户对信息有明显的关注，但不至于完全占据用户的注意力，是对主要信息的支持和补充。

（3）深度感知-激发：用户对信息的主动关注和深入理解，用户对这些信息的感知已经占据了较大的注意力。

（4）强烈感知-行动：用户对信息的极度关注，几乎全部注意力都集中在该信息上，这种感知强度通常用于强调最核心、最重要的信息。

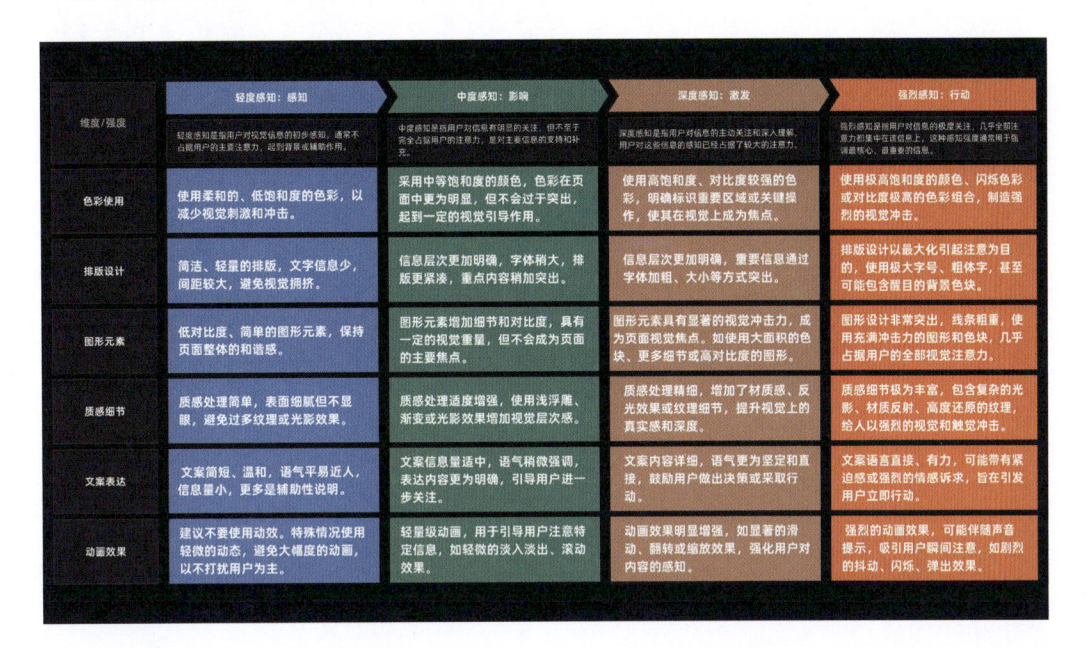

维度/强度	轻度感知：感知	中度感知：影响	深度感知：激发	强烈感知：行动
	轻度感知是指用户对视觉信息的初步感知，通常不占据用户的主要注意力，起到背景或辅助作用。	中度感知是指用户对信息有明显的关注，但不至于完全占据用户的注意力，是对主要信息的支持和补充。	深度感知是指用户对信息的主动关注和深入理解，用户对这些信息的感知已经占据了较大的注意力。	强烈感知是指用户对信息的极度关注，几乎全部注意力都集中在该信息上，这种感知强度通常用于强调最核心、最重要的信息。
色彩使用	使用柔和的、低饱和度的色彩，以减少视觉刺激和冲击。	采用中等饱和度的颜色，色彩在页面中更为明显，但不会过于突出，起到一定的视觉引导作用。	使用高饱和度、对比度较强的色彩，明确标识重要区域或关键操作，使其在视觉上成为焦点。	使用极高饱和度的颜色、闪烁色彩或对比度极高的色彩组合，制造强烈的视觉冲击。
排版设计	简洁、轻量的排版，文字信息少，间距较大，避免视觉拥挤。	信息层次更加明确，字体稍大，排版更紧凑，重点内容稍加突出。	信息层次更加明确，重要信息通过字体加粗、大小等方式突出。	排版设计以最大化引起注意为目的，使用极大字号、粗体字，甚至可能包含醒目的背景色块。
图形元素	低对比度、简单的图形元素，保持页面整体的和谐感。	图形元素增加细节和对比度，具有一定的视觉重量，但不会成为页面的主要焦点。	图形元素有显著的视觉冲击力，成为页面视觉焦点。如使用大面积的色块、更多细节或高对比度的图形。	图形元素非常突出，线条粗重，使用充满冲击力的图形和色块，几乎占据用户的全部视觉注意力。
质感细节	质感处理简单，表面细腻但不显眼，避免过多纹理或光影效果。	质感处理适度增强，使用浅浮雕、渐变或光影效果增加视觉层次感。	质感处理精细，增加了材质感、光效效果或纹理细节，提升视觉上的真实感和深度。	质感细节极为丰富，包含复杂的光影、材质反射、高度还原的纹理，给人以强烈的视觉和触觉冲击。
文案表达	文案简洁、温和，语气平易近人，信息量最小，更多是辅助性说明。	文案信息量适中，语气稍微强调，表达内容更为明确，引导用户进一步关注。	文案内容详细，语气更为坚定和直接，鼓励用户做出决策或采取行动。	文案语言直接、有力，可能带有紧迫感或强烈的情感诉求，旨在引发用户立即行动。
动画效果	建议不要使用动效。特殊情况使用轻微的动效，避免大幅度的动画，以不打扰用户为主。	轻量级动画，用于引导用户注意特定信息，如轻微的淡入淡出、滚动效果。	动画效果明显增强，如显著的滑动、翻转或缩放效果，强化用户对内容的感知。	强烈的动画效果，可能伴随声音提示，吸引用户瞬间注意，如剧烈的抖动、闪烁、弹出效果。

值得注意的是，在运用强度时不是完全生搬硬套，不必墨守成规。它们之间在流程与流程、页面与页面、元素与元素的配合使用时大都呈交叉嵌套关系。页面级的强度定位如果是深度感知，不代表本页面内所有元素都只能是深度感知强度的元素类型，关于这一点，后文的"感知强度的嵌套关系"会详细说明。

4. 探索最佳链路

（1）品牌符号感知的建设。

品牌是一个企业用来识别其产品或服务并使其与其他竞争对手区别开来的标识和形象的集合。品牌存在的意义在于降低三个成本：降低社会监督成本、降低用户选择成本、降低企业传播成本。在这三个成本中作为互联网设计师接触最多的或能直接产生影响的是降低用户选择成本和降低企业传播成本，要搞清楚设计师如何对这两个成本产生直接影响，我们需要先明白什么是品牌感知要素：

- 用户形象：品牌构筑及群体行为特征。
- 品牌符号：Logo、字体、色彩、排版、插画、图片、辅助图形、动态、文案、Slogan等。
- 品牌传播：广告、渠道、活动、代言人等。

- 服务体验：App、官网、客服等。
- 企业形象：IP、企业主、员工等。

在品牌感知要素构建过程中比较有效的方法是，将市场竞争对手与自己的用户形象、品牌符号、品牌传播、服务体验、企业形象五大要素用展板的形式进行排列，然后进行分析，以便我们评估当前品牌感知身位，并建设出具有优势地位的品牌感知要素。

在感知要素中品牌符号（很多理论中称之为品牌资产）的建设和维护与我们的关系最为密切和直接。

依据感知体系关于感知强度的原理，在品牌符号的实操中需要注意强度和优先级的排序，这关乎受众对于品牌符号的选择、营销和传播有效性至关重要。从强烈感知到轻度感知，常规情况下的排序一般是品牌名 >Logo>Slogan> 颜色 > 插画 > 辅助图形 > 字体；强势符号型（如 Nike、苹果等）的排序一般是 Logo> 品牌名……字体，Logo 有能力代表一切；颜色导向型的排序一般是颜色>Logo> 品牌名……字体，如 Chrome、滴滴、Nubank 等。

从用途场景出发在体验、营销和纯品牌外宣的场景下品牌符号排序也不尽相同，需要大家根据自身的产品实际情况进行客观评估。如滴滴国际化 MX 金融以最易感知的颜色为切入点形成强烈的视觉感知，融合具有亲和力的插画、人物形象通过有机的页面呈现形式全触点重复曝光，形成在竞争市场中的持续博弈。以上是关于品牌符号感知建设的基本脉络，应用过程中务必做好周密的符号管理，无论何种场景下务必保持一致性。品牌流失等于企业资产流失。

（2）体验和营销感知的建设。

前文中提到过感知强度之间在流程与流程、页面与页面、元素与元素的配合使用中大都呈交叉嵌套关系。那么需要嵌套的是什么？

讲到感知强度我们的第一反应是设计物料表达形式的强弱，物料展示的点位本身的强度也同样重要。这涉及流程与流程之间的强度，而流程中的强度需要区分页面和页面的强度关系，页面中的强度关系需要考虑元素与元素、模块与模块间的强度关系。尤其在流程中的强度设计中，需要准确识别高价值触点，好钢用在刀刃上。在这里通过实践总结出来的基本关系是：点位强度强则物料强度相对减弱、点位强度弱则物料强度相应增强，当然某些极端场景需要单独考虑，如破坏性公告等。如果满足不了你强我弱、你弱我强的这两点，请重新思考一下需求和表达的合理性。既要又要、全要的畸形不可怕，可怕的是我们放弃了挣扎。在市面上的很多 App 显得信息臃肿杂乱的原因就是没有厘清点位和物料的强度关系。

下面我们会从以下三个方面来解读探索最佳链路、构建基础原子库和匹配目标的基本逻辑：

- 高价值触点的链路式感知强化和高价值感知类型项目的感知增强；
- 基础体验的持续满足；
- 经验较少的设计师分析用户、解读目标。

①高价值触点的链路式感知强化。

以滴滴国际化信用卡卡片如何运用在 KYC 长链路中做感知强化为例，阐述如何定义高价值触点，如何做相应的感知表达对应流程中的强度：页面与页面（见下图）。

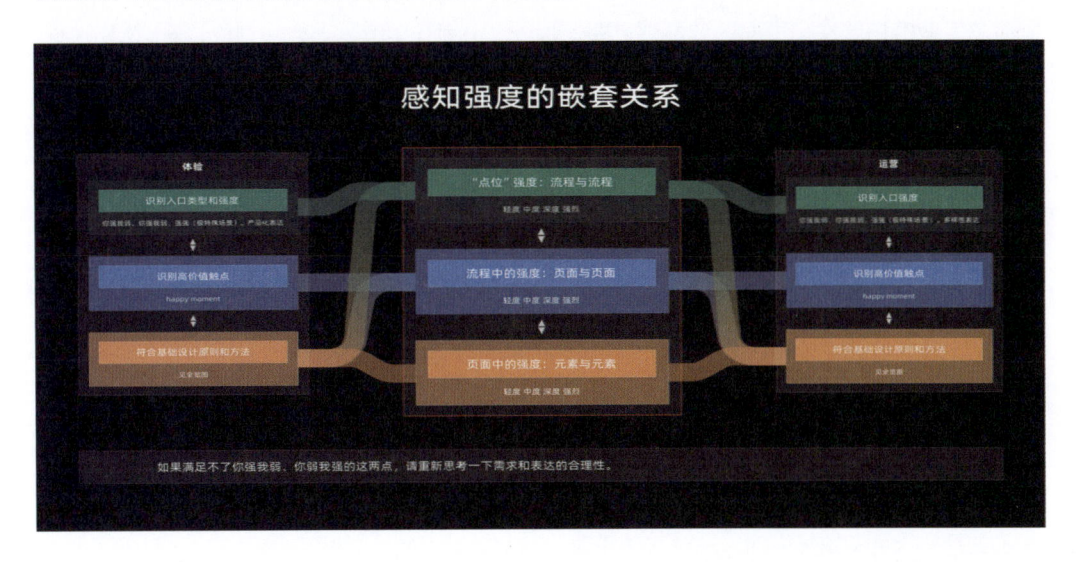

高价值触点是那些在用户旅程中对用户体验和业务目标产生显著影响的交互点或接触点。高价值触点需要有以下明确的原则：

- 信息传递有效：用户能够在这些触点上快速获取和理解关键信息。
- 体验顺畅愉快：用户在这些触点上的交互体验流畅、直观且愉悦。
- 高频使用：基于实际场景选择合适的触点进行有效使用。
- 促进转化：基于需求和目标的分析框架，辅助中低阶设计师进行有效设计。

依据此四点基本原则将原本平淡且烦琐的 KYC 流程切割为三段，每一段的开始都用强烈感知的视觉表达充分吸引用户注意力，中间流程结合深度、中度和轻度的表达促使用户顺利完成裹脚布式的 KYC 上传流程。在每一段进行切割的设置，我们需要提前对用户跳出的原因进行分析，比如核心卖点传达、阶段性获得感强化、初审通过强化，整体视觉采用信用卡卡面的样式和橙色作为基调。

这些强烈感知的节点即高价值触点，又称峰值体验，一个更强烈的体验瞬间可以中和掉产品体验中的平淡甚至能掩盖"槽点"，容易被记忆和传播。

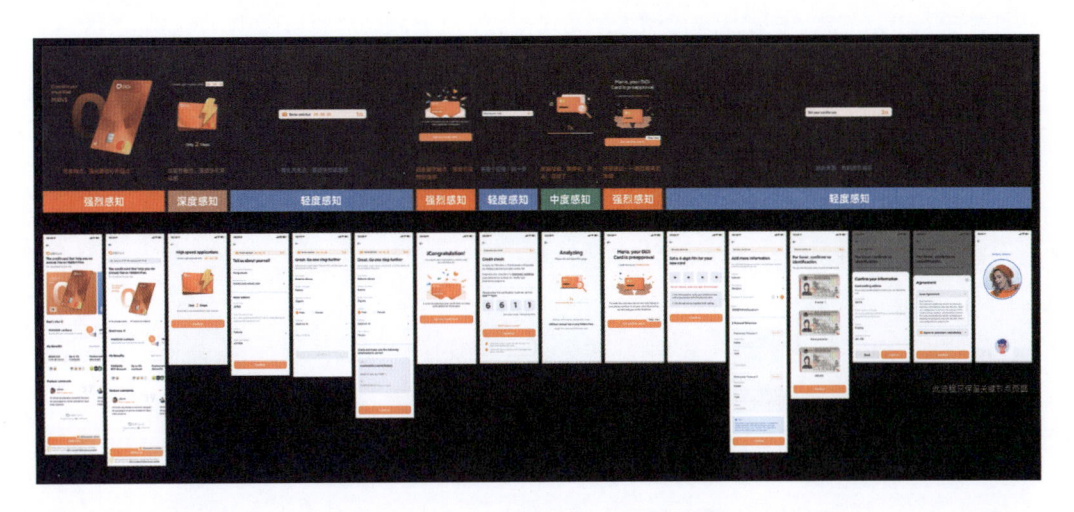

在其他感知类型场景下，通过对各类型模块的强度分级设计，以保持页面足够的弹性，同时满足业务拓展性和页面的节奏感。即使是一个 banner 位、一组金刚位、一个提示标签等亦遵循从感知类型到感知强度的基本理论进行设计。

②基础体验的持续满足。

这是所有设计师的日常，更是构成感知体系的设计基础。

这包括基础、业务、营销、品牌符号、插画组件和指南的持续沉淀、维护、同步。这些组件和指南能帮助我们守住最基础的效率和体验下限。这里衍生一个话题：感知体系和传统的组件思维有什么区别？从组织维度来看，基于效能和品质的设计思维的传递价值大于组件规范的正确用法的合理性。设计师的危机感从来不是工具效率和组织效率的跃升，反而来自自陷于纯需求支持的低价值怪圈。传统组件库思维属于存量逻辑，阻碍创新。

③弱经验设计师分析用户、解读目标。

心智模型的概念从 20 世纪末就已经出现，心智模型第一个较为全面的定义来自于苏珊·凯里：心智模型展现的是一个人对于某样事物是如何运作的思考过程。它一般基于不全面的事实、过往经验、直觉，会影响人们解决问题的方法和途径。我们耳熟能详的《交互设计精髓》《设计师要懂心理学》《心智模型与产品设计策略》中对此也有详细的解读。其中唐纳德·诺曼在谈到心智模型时，还提到了概念模型，他认为概念模型是来自设计师的模型，用户脑海中的是心智模型，用户的心智模型是来源于与系统的交互。概念模型是指用户与之交互的模型，设计师将概念模型转化成产品界面与用户进行互动。它是用户心智模型的设想和视觉化、交互化投射。一个好的产品设计，最理想的情况是用户的心智模型与设计师的概念模型保持匹配，不匹配就会造成用户和系统交互时产生不适应、不习惯。

这两个模型包含相同的要素：目标、任务、概念、形式。

- 目标：反映出用户的需求。
- 任务：为了完成目标用户所需要完成的任务。
- 概念：为了实现任务用户所需掌握的概念以及概念之间的关系。
- 形式：概念所对应的形式是什么。

但区别点在于用户的心智模型具有模糊性，大多数时候用户自己并不清楚自己的明确目标和任务，更搞不清（懒得搞清）概念的关系，他们相对明确的只有形式，大概知道有一个 App 我可以通过点这点那满足其目标。而设计师的概念模型具有确定性，尤其是对用户目标和任务的确定性，那么针对用户的心智模型设计师如何有效获取？

除了语言，对这个世界的所有感知都会形成人们的心智模型。同一文化、地域背景下的人们对于同一事物的理解会有一定的共性。

- 确定调研范围：关键是关注重要的，而不只是容易被看到的。需要基于平台能力、平台目标、是否在视野外和是否高价值来判断。
- 获取用户的心理预期：基于市场竞对经验，通过用户访谈问卷、文化属性与人格分析以及行业咨询等步骤来完成。这一步的结论不可不信，不可全信。
- 反馈与衡量：当完成了设计的概念模型后需要投放问卷，如 NPS，进行用户访谈，如焦点小组，可用性测试和多版本对比测试也是有效途径；同样的，我们在这一步时要关注重要的，而不只是容易被衡量的。

在获取了用户的心智模型后，设计师操作实务时尤其在解读用户需求层面仍然遵循基础的感知强度的嵌套逻辑（见前文）。在前期，力求多实践，依照感知体系的大逻辑关系进行目标的逐级分解。

五、构建和应用感知体系的实践方法

有赞科技创始人兼 CEO 朱宁（白鸦）在 2024 年 IXDC 大会上说："为什么不让产品经理来学习并执行设计规范，为什么不让前端工程师来保证输出符合规范？"是的，感知体系的实践目标就是为了达成业务体验相关各职能以同一视角来解读需求，通过共建共识构建丰富的弹药，实施统一的步调，形成感知体系的体验思维模式，践行感知体系的实务方法。

1. 丰富的弹药，统一的步调

简言之，体验相关的各职能在各型项目推进过程中，基于感知体系的内核从各自职能的角度不断沉淀和归纳出感知类型，定义好对应的感知强度。比如，设计在构建完当前版本的体验、营销组件、指南及对最佳链路进行封装后输出产品原型基础库，产品则依据此输出原型文档和 PRD，研发侧则完成基于体验、营销组件、指南及对最佳链路的工程化以便进行后续需求的匹配调用，到 QA 侧同样依据此进行以往很难完成的交互视觉测试。通过实践这样的良性循环可以极大地提高组织效率和需求靶向性。

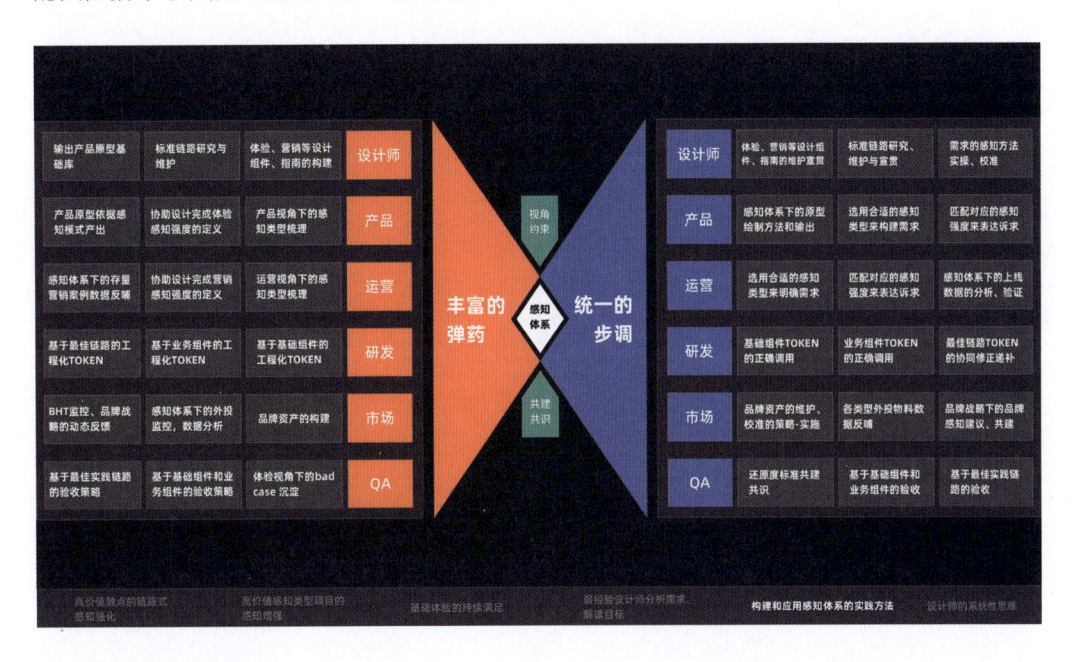

2. 设计师的高价值存在

设计行业内有一个从未停止讨论的话题：设计/设计师的价值到底是什么？我认为 ChatGPT 的答案能大体代表主流答案：在企业内，设计师不仅能"美化"产品，更能通过用户体验、品牌塑造和创新来支持业务的长期发展与增长。这种多维度的价值定位，使设计师成为企业不可或缺的战略角色。

部分设计师在为组织贡献方法，绝大部分设计师停留在低价值地支持业务完成需求。真正的高价值体现在是否能够有效影响企业组织行为，"使设计师成为企业不可或缺的战略角色"。反映到感知体系上，即促成各职能建立感知思维的工作流，并从体验设计的视角解读需求。

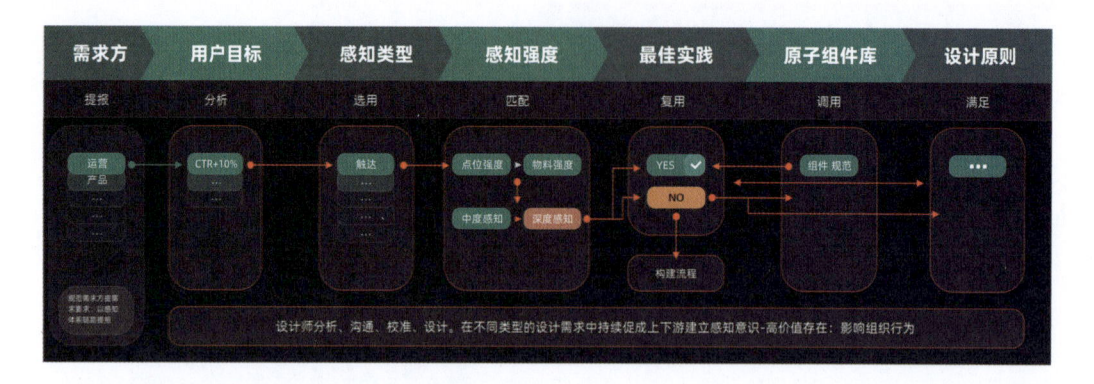

六、最重要的还是设计师的系统性思维

感知体系作为一套前人较少深入论述的理论，本质上是在告诉年轻的设计师如何有效设计，如何提升效率，如何放大价值的系统性方法。前面的论述里各种逻辑关系的交叉递进，各种概念的底层含义的阐述无不体现出"系统"二字。"系统"二字的底层逻辑无非也是两个字"统一"，统一理论才能统一行为。想要成为一名优秀的设计师，必须通过深刻的理论研究，加上极为扎实的设计基础，再加上反复地训练复盘才能建立起对于人性化设计的本能敏感。就像小米汽车李田原所说的，我们的设计追求直觉与共鸣，在变的是技术和潮流，不变的是人性是科学是自然规律。

见过太多设计师每天挂在嘴边讲着用户思维、业务思维、数据思维，却恰恰忽略了设计导向思维，在提案时习以为常地讲述着以业务产品逻辑框架下的设计实现，意识不到这样是有损设计价值存在的。诚然，运用成熟经典的方法论是保证设计效果有效性的途径，但将这些方法论演绎为自己的知识体系，将其通过项目需求具象化，然后再次重组方法，再次抽象理论，这个过程对设计师思维体系的构建有巨大收益。

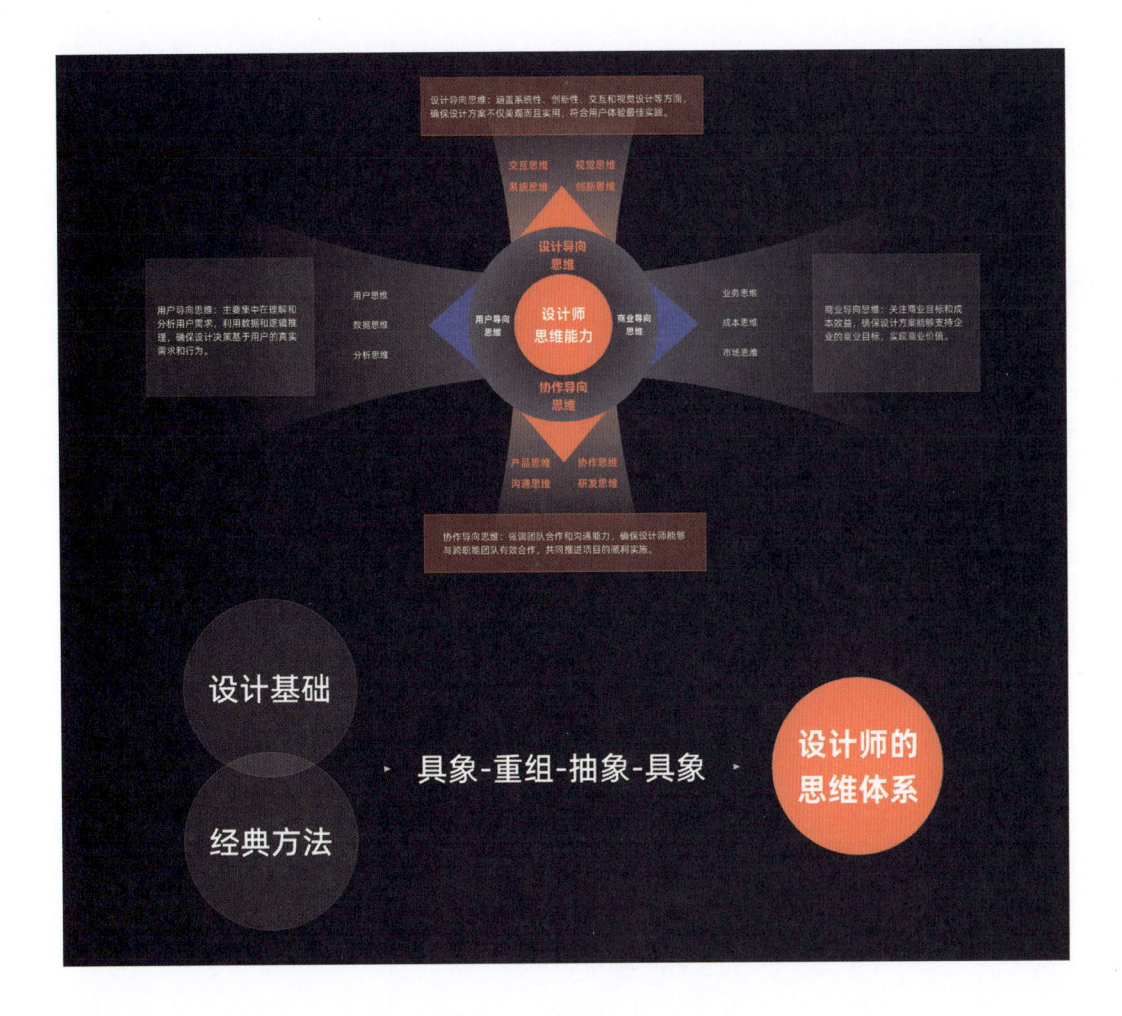

七、结语：让设计可预测——搭建一套普适性的感知体系

"当系统的组件数量足够多时，通常会出现一种令人惊讶的现象：复杂系统的聚合属性可以变得可预测，并由简单的自然法则支配。"这是华裔数学家、菲尔茨奖获得者陶哲轩在 Open AI 问世初期使用 ChatGPT 研究数学课题时的一段总结，套用在感知体系上也十分恰当，世界运转或许原本如此。

设计师既是感性的也是理性的，但终归是感性的；

设计既是感性的也是理性的，但终归是理性的；

用户既是感性的也是理性的，但终归是有限理性的。

设计师理性的创造感觉，让用户可以凭感觉就能用好产品；

感性的思维结合理性的实施框架可以让大部分设计变得可预测；

人们对于真实的感知要比真实本身更真实。

篇幅有限，很多概念间的关系和底层逻辑在这里没有阐述得很深入。希望有机会能再和大家针对感知体系的理论做更翔实的讨论。希望感知体系能为年轻设计师们在思维和方法上提供帮助。

王涛

拥有10年以上体验设计工作经历和经验，现任滴滴国际化金融墨西哥设计团队负责人，服务和孵化过多个行业头部企业和项目，如墨迹天气、AMC、橙心优选、滴滴国际化司机和金融等。擅长抽象事物特征、凝练事物本质，串联多重影响因素以全局视角解读体验，制定契合目标且务实的体验设计策略。

设计理念：人性来源群体规则和个体规则相互交织达成的默契共识。而设计最大的价值在于背靠人性做好商业与用户的沟通者。

22 激发用户情感共鸣，打造产品情绪价值

◎ 吴霄

在当今数字化时代，产品的竞争已不再仅仅局限于功能与性能的比拼，如何为产品注入情绪价值，使其在满足用户实用需求的同时，更能触动用户内心深处的情感需求，成为产品设计与运营领域中备受关注的焦点。

一、探索产品价值的多元维度

在深入探讨产品情绪价值的塑造之前，我们必须先理解产品价值的构成。一个完整的产品价值体系，犹如一座稳固的三角大厦，由功能价值、资产价值和情绪价值这三大基石共同支撑。

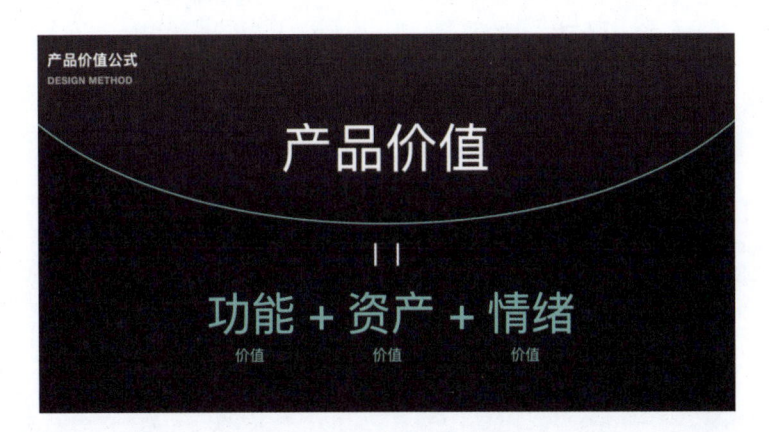

产品价值公式
DESIGN METHOD

产品价值 = 功能价值 + 资产价值 + 情绪价值

功能价值，是产品得以存在的基本理由，它解决了用户的实际问题，满足了用户的基本需求。就像我们日常使用的手机，其通话、短信、上网等功能，为我们的生活和工作提供了便捷的通信手段，这便是功能价值的直观体现。资产价值，则更多地体现在产品所蕴含的稀缺性、品牌影响力及长期积累的用户口碑等方面。例如，一款限量版的运动鞋，因其稀缺性和独特的设计，不仅具有穿着的实用功能，更成为一种时尚的象征，其资产价值随着时间的推移可能会不断攀升。而情绪价值，作为产品价值体系中不可或缺的一部分，如同产品与用户之间的情感纽带，赋予了产品更深层次的意义和魅力。

社交产品中的情绪价值，又与社交获得感紧密相连。社交获得感，是用户在社交互动过程中所体验到的一种积极的情绪反馈，它涵盖了社交支持、认可、比较、互动等多个方面。当我们在社交平台上分享自己的生活点滴，收获朋友们的点赞、评论和鼓励时，那种内心的满足感和成就感便是社交获得感的生动体现。这种积极的情绪体验，不仅能够增强用户对产品的黏性，更能促进用户之间关系的深化，形成一个良性的社交循环。

二、游戏化：猜歌星球的互动情感之旅

作为一款音乐游戏互动平台，猜歌星球巧妙地将音乐与游戏元素相结合，为用户开启了一段充满趣味和情感的游戏化之旅。

1. 创新玩法激发互动热情

猜歌星球的玩法机制丰富多样：自嗨模式单机玩法让用户在独自猜歌的过程中享受音乐的乐趣，挑战自己的音乐知识储备；对抗模式联网一对一玩法则增添了竞争的刺激感，激发用户的求胜欲望；而合作模式多人组队玩法（如吃鸡模式）更是将团队协作的魅力发挥得淋漓尽致。在合作模式中，用户根据各自对不同类型歌曲的擅长程度进行组队，就像一支默契的乐队，每个成员都发挥着自己独特的作用。擅长民谣的用户、精通摇滚的玩家及对流行音乐了如指掌的伙伴携手共进，共同应对猜歌挑战。这种团队合作的方式，不仅强化了玩家之间的人际关系，更让用户在游戏过程中感受到了彼此之间的信任与依赖。

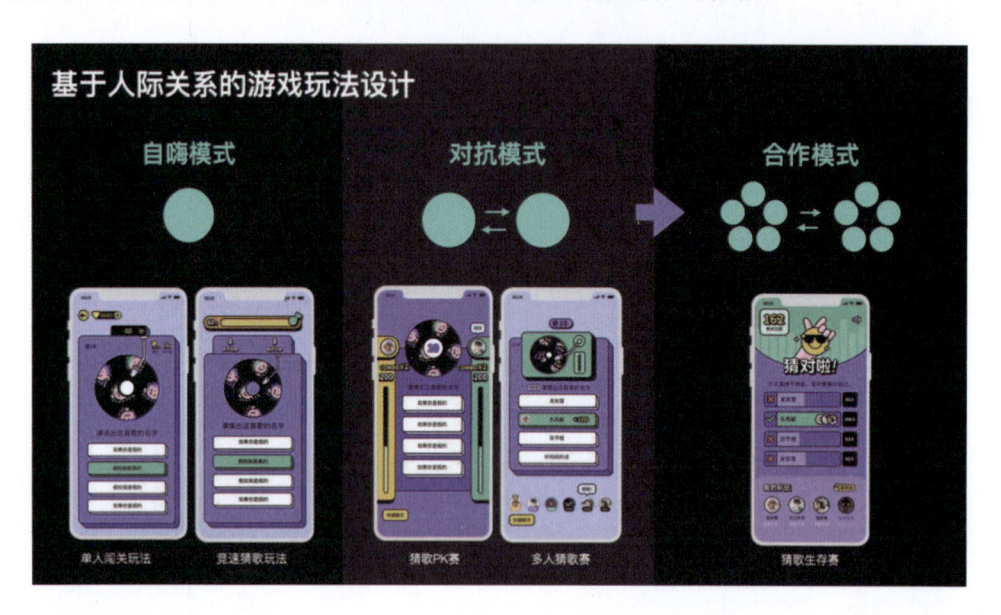

2. 游戏结构构建情感纽带

从游戏结构层面来看，前台的猜歌（吃鸡模式）玩法简洁而富有吸引力，用户通过不断猜歌来推动游戏进程。后台的游戏资产、个人成长线和社交关系链则如同一张无形的大网，将用户紧紧地联系在一起。游戏资产通过音符的获取与消耗，激励用户持续参与游戏。每日打卡奖励、排名奖励等方式让用户感受到自己的努力得到了回报，而购买复活卡、发言机会等消耗机制则增加了游戏的策略性和趣味性。个人成长线中的排行和勋章系统，如猜歌达人、实力高手等勋章的设立，如同一个个闪耀的里程碑，记录着用户在游戏中的成长轨迹，激发了用户的竞争意识和成就感。社交关系链更是通过阈值音（遇到听歌品味相同的人）、抱大腿（在组队中依靠实力较强的队友）和爱豆团（为偶像打榜形成临时组队关系）等场景，为用户创造了无数个与志同道合的朋友相遇、相知的机会。用户在游戏中可能会因为与他人对音乐的共同热爱而结识，一起为了共同的目标而努力，这种情感纽带在游戏的互动中不断得到加强。

构建持续的游戏结构

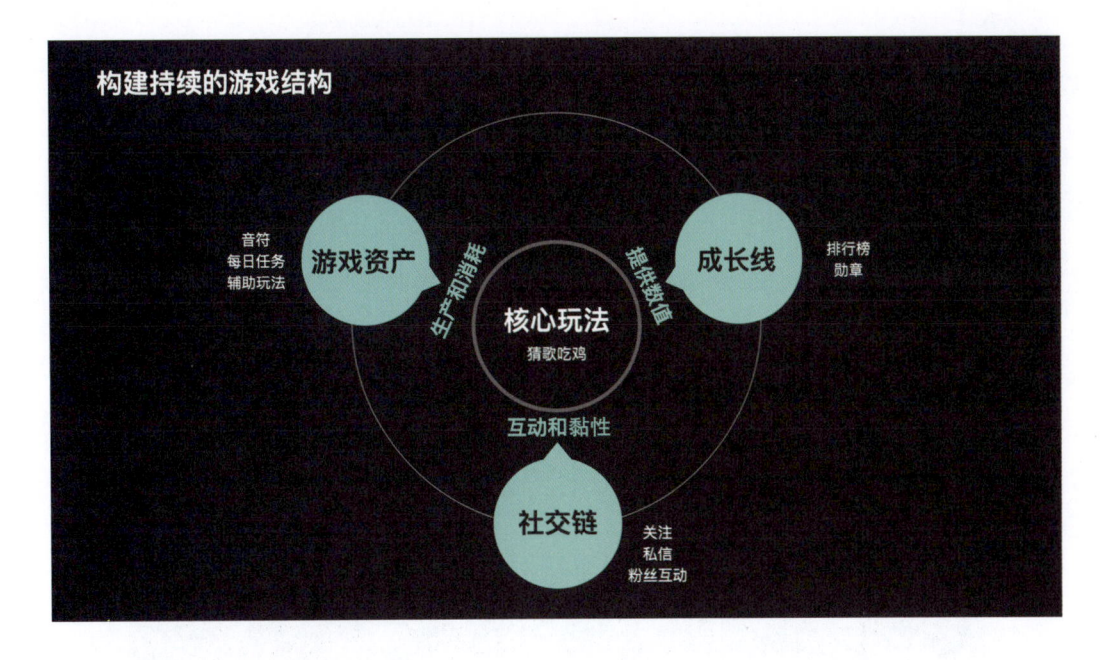

音符
每日任务   游戏资产   成长线   排行榜
辅助玩法   勋章
          生产和消耗   提供数值
                    核心玩法
                    猜歌吃鸡
                    互动和黏性
                    社交链   关注
                                       私信
                                       粉丝互动

3. 情绪体验传递多元感受

在情绪体验方面，猜歌星球精心设计了单局游戏路径，用户在游戏中可能会经历一帆风顺的猜对之旅，也可能遭遇答错后的紧张与期待（复活时机），或是答错复活失败后的失落（只能观战），甚至是无复活机会的无奈。每一种情况都伴随着不同的情绪波动，而这些情绪体验恰恰是游戏的魅力所在。同时，从全局用户旅程来看，猜歌星球不断推出新玩法和内容，如抢唱游戏等，始终保持着用户的新鲜感和参与度。用户在游戏中投入的时间和精力，不仅仅是为了娱乐，更是在这个过程中与其他玩家共同创造了难忘的回忆，收获了情感上的满足。如今，猜歌星球已成功迁移至 QQ 音乐，以猜歌达人的形式继续为用户带来音乐与游戏相结合的独特体验，其游戏化的设计理念和情感价值得以延续和发展。

答对　　　　答错　　　　复活　　　　吃鸡

三、直播化：QQ 直播自习室的陪伴与成长

1. 时代背景下的创新探索

2020 年，疫情席卷全球，人们的生活和学习方式发生了翻天覆地的变化。学生们被迫居家学习，面临着诸多前所未有的挑战。学习氛围的缺失、外界干扰的增多、学习效率的低下及有效监督机制的缺乏，让学生们在学习过程中倍感孤独和无助。正是在这样的背景下，QQ 直播自习室应运而生，旨在为学生们提供一个全新的学习解决方案。

2. 独特设计打造优质体验

1）精准定位满足学习需求

QQ 直播自习室将自身定位为多人直播自习工具，专注于为用户营造一个实时学习监督、充满陪伴感和沉浸感的学习环境。与传统的直播和视频会议产品相比，它更加注重学习场景的打造，致力于满足用户居家学习时对自律和高效学习的强烈诉求。在这个虚拟的学习空间里，学生们不再孤立，而是能够感受到彼此的存在和共同努力的氛围。

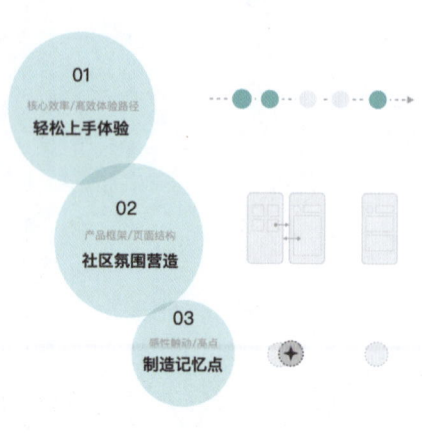

2）精心设计优化用户体验

- 轻松上手，开启学习之旅。在心智塑造与轻松上手体验方面，QQ 直播自习室通过一系列简洁而实用的设计，大大降低了用户的认知门槛和操作成本。首页上一目了然的自习房间展示，如同一个个知识的小天地等待着用户的探索。空位沙发的设计巧妙地引导用户点击进入，而快速加入随机房间功能更是为那些迫不及待想要开始学习的用户提供了便捷通道。用户只需轻轻一点，就能迅速融入学习氛围，仿佛置身于一个真实的自习室中。

- 营造氛围，提升学习动力。在学习氛围营造上，QQ 直播自习室别具匠心。房间结构采用上下区块设计，上边的连麦区（可根据用户数量灵活扩展为四宫格、九宫格等）让用户能够实时看到其他同学的学习状态，形成一种无形的监督和激励。下边的评论区则为用户提供了一个交流和互动的平台，避免了学习过程中的沉闷和孤寂。同时，展示未上麦用户的头像、设置计时器及轮值班主任巡视等措施，进一步强化了陪伴和监督的氛围。计时器的滴嗒声仿佛是学习的节奏，时刻提醒着用户珍惜时间；轮值班主任的巡视则如同学校里的老师在教室里走动，给用户带来一种安全感和自律感。

- 打造记忆点，增添学习乐趣。为了给用户留下深刻的记忆点，QQ 直播自习室在自习结束时推出了激励性的弹窗。弹窗上温馨的话语（如"努力奔跑的你，太棒了"）及展示自己学习时间的功能，让用户在完成学习任务后能够感受到满满的成就感。这种成就感不仅激励着用户继续坚持学习，更成为了用户分享的动力源泉。许多用户会将弹窗截图发至 QQ 空间、微博等社交平台，与朋友们分享自己的学习成果，形成了良好的口碑传播。此外，自习室的 IP 形象——自习猫，以其可爱的形象和生动的动画效果，成为用户学习过程中的忠实伙伴。它会根据用户学习时间的不同呈现出不同的状态，如半小时以内摇摇尾巴，半小时以上伸懒腰，一小时以上站起来撅撅屁股等。这一动态形象为学习过程增添了一份趣味和温馨，让用户在紧张的学习之余能够得到片刻的放松和愉悦。

3. 持续发展成就学习社区

QQ 直播自习室上线后，取得了令人瞩目的成绩：拥有 100 多个房间，每个房间几十人的规模，为众多学生提供了一个优质的线上学习场所。最长自习时间达十几个小时的记录，充分证明了用户对这个平台的认可和喜爱。用户在 QQ 空间和微博等平台上积极分享自己的学习体验，与韩国竞品 Timmy 相比，QQ 直播自习室凭借其客户端稳定等优势，赢得了用户的高度评价。通过不断的优化和发展，QQ 直播自习室逐渐形成了一个稳定的学习社区，用户在这里不仅能够提高学习效率，还能结识志同道合的朋友，共同成长进步。

四、协作化：剪映"云协同"的共创之路

1. 市场竞争中的转型之路

在短视频剪辑领域，剪映在不到四年的时间内迅速崛起，成为众多用户的首选工具。然而，随着市场的不断发展，竞争日益激烈，纯剪辑工具领域逐渐成为红海。为了在竞争中保持领先地位，剪映积极探索转型之路，推出了剪映云功能，开启了从简单剪辑工具向协同平台的转型之旅。

2. 协同模式创新用户体验

1）三端互通助力高效创作

剪映云实现了手机端、PC 端和 Web 端的跨端使用和多人协同，为用户提供了更加便捷和高效的创作体验。手机端以其随时随地收集和粗剪创作的优势，满足了用户在碎片化时间内的创作需求。用户可以利用手机拍摄的素材，通过剪映云上传至云端，然后在 PC 端进行精细化剪辑。PC 端强大的编辑功能，如复杂编辑轨操作，适用于商用级别的剪辑需求，如广告制作、纪念片剪辑等。Web 端则凭借其轻量化、低门槛的特点，以及强大的协同能力，如视频审阅功能，让团队成员之间能够实时沟通和修改，大大提高了创作效率。三端之间的互通，确保了用户在不同设备上能够无缝切换和协同工作，素材的共享、本地草稿上云以及第三方云盘导入等功能，为用户的创作提供了极大的便利。

2）协同创作激发团队活力

在协同创作流程中，剪映语音协同模块展现出了强大的功能和独特的魅力。创作前，用户可以借助 AI 能力进行脚本创作，通过简单的文字输入，即可生成粗剪视频轨道，为后续的创作奠定了基础。创作中，多人可以共同收集素材并上传至云端，通过剪辑工作台进行实时编辑。团队成员之间可以根据各自的专长进行分工协作，如有的负责字幕制作，有的专注于视频剪辑，有的则擅长音频调整等。同时，品牌库和团队模板的运用，保证了视频风格的一致性，提高了创作效率。品牌库提供了标准化的片头、片尾、logo、配乐、字体、颜色、转场、动效等组件，团队模板则方便团队统一视频风格，让团队创作更加高效和专业。创作后，首页修改、发布、数据回收和分析等功能，为用户提供了全方位的创作支持。

3. 情感纽带促进团队凝聚

剪映语音协同模块在协作过程中，不仅提高了创作效率，更重要的是增强了团队成员之间的情感纽带。在团建活动中，团队成员共同收集素材、编辑视频，通过对视频内容的讨论和修改，增进了彼此之间的了解和信任。这种共同创作的经历，让团队成员感受到自己是团队中不可或缺的一部分，增强了团队的凝聚力和归属感。例如，在制作团队纪念片时，大家齐心协力，共同回忆团队中的点点滴滴，将这些美好的瞬间通过视频的形式展现出来。在这个过程中，团队成员之间的情感得到了升华，团队文化也得到了进一步的传承和弘扬。虽然目前剪映云在实时协同编辑方面仍存在一些技术挑战，如轨道复杂时卡顿、无法完全实时保存等，但它无疑为未来的视频剪辑协作提供了一个极具潜力的发展方向。

五、总结与展望：塑造有温度的产品

通过猜歌星球、QQ 直播自习室和剪映语音协同模块这三个案例的深入分析，我们清晰地看到了游戏化、直播化和协作化策略在塑造产品情绪价值方面的巨大潜力。这些策略不仅为用户带来了丰富多样的体验，更在用户与产品之间建立了深厚的情感联系。

价值路径 ——
社交产品的情绪价值塑造方法
DESIGN METHOD

游戏化　社交认可
直播化　社交支持　　社交产品的
　　　　社交互动　社交获得感　情绪价值
协作化　社交比较

　　在未来的产品设计与运营中，我们应始终坚持产品价值与用户价值的统一。产品不仅是一种功能性的工具，更是一种能够传递情感、满足用户精神需求的载体。只有当我们深入理解用户的情感需求，将情绪价值融入产品的每一个环节，才能打造出真正具有温度和竞争力的产品。

　　随着技术的不断进步，我们期待能够探索出更多创新的方式来提升产品的情绪价值，例如：进一步优化云技术，实现更加流畅和实时的协同创作体验；利用人工智能技术，为用户提供更加个性化和情感化的服务；深入挖掘用户数据，精准把握用户在不同场景下的情绪变化，从而提供更加贴心和符合用户需求的产品体验。让我们共同努力，在产品的世界里注入更多的情感与温度，为用户创造更加美好的体验。

吴霄

　　前字节跳动体验设计专家、腾讯高级交互设计师。2023年中国服务设计业十大杰出青年。2022年国际体验设计百强十大杰出设计师。曾负责过多款互联网软件产品的体验设计和策划，帮助公司赢得了较好的社会影响和市场效益。拥有数十项发明专利，并著有体验设计专栏《体验主义》，全网阅读量百万。

23 全球化产品体验：增长为动力，体验为根基

◎ 孙威

　　在当今这个全球化浪潮汹涌的时代，企业出海已不再是一个新鲜话题，但如何在全球市场中找到平衡增长与用户体验的"黄金交汇点"，却依然是一个值得深入探讨的课题。

　　作为小米国际互联网团队的一员，我有幸参与了这一历程，通过小米国际应用商店 GetApps 的实践案例，深刻体会到了全球化产品设计的复杂多变与独特魅力。在此文中，我将与大家分享我们的探索与心得，希望能为同样在全球化道路上奋斗的你提供一些启示。

一、行业洞察：出海背后的深层驱动力

　　近年来，国内市场的逐渐饱和与竞争的白热化，促使众多企业将目光投向了海外蓝海。这背后的动因主要有三方面：一是国内市场增长的天花板效应，迫使企业寻找新的增长点；二是海外市场虽充满未知与挑战，却同样蕴藏着无限可能；三是国家政策的鼎力支持，为企业出海提供了坚强的后盾。

　　在此背景下，我们深耕国际化产品设计，不仅要跨越文化的鸿沟，更要精准把握市场脉搏，以打造出既能满足海外用户需求，又能助力商业增长的产品。

　　同时，文化差异对产品设计的风格与理念有着深远影响。国内设计倾向于色彩斑斓、信息密集，注重体验与趣味性；而国际设计则更偏爱色彩淡雅、设计简约，强调核心功能与实用性。除此之外，我们还须应对市场的碎片化、地缘性的审美偏好及多语言的合规性挑战。

二、全球化挑战：文化差异与市场碎片

　　面对市场的碎片化挑战，我们犹如在浩瀚的森林中寻找生长的智慧。既要在核心市场精益求精，也要在长尾市场稳健布局。以团队管理为例：对核心成员须精心栽培，给予更多关注与支持，以激发最大潜能；对一般成员则须稳健管理，制定规范与准则，确保团队整体的稳定与高效。

　　其次，地缘性的审美差异要求我们密切关注各国国情，高度重视宗教与文化的敏感性。例如：印度偏爱高饱和度的色彩，日本则崇尚极简风格；中国有红包文化，马来西亚则是绿包；俄罗斯的"严冬老人"与西方圣诞老人的形象不同等。

　　再者，多语言的合规性更是不可忽视。首要原则是确保多语言的合规性，其次才考虑设计审美。如字符数的限制、各国违禁词、左右布局排版等，均须仔细考量。

三、设计策略五步法：平衡增长与体验的秘诀

在小米国际互联网部设计中心，我们提炼出了一套行之有效的"设计策略"五步法。此法源自 Google Design Sprint，我们结合团队特色与海外业务需求进行了本土化改造。这五步依次为：需求分析、指标定义、设计探索、决策与审核、验证与优化。

1. 需求分析

明确设计目标与策略是首要任务。我们须从商业、业务和体验三个维度出发，明确各自的目标与诉求。商业层面，我们聚焦战略方向、收入指标；业务层面，我们关注营销策略、功能迭代、性能优化；体验层面，我们则重视品牌认知、服务体验及语言适配。通过 OKR 工具，我们将这些目标细化分解，确保每位团队成员都能清晰知晓自己的任务与优先级。

2. 指标定义

随后，我们需确定可量化的关键指标，包括数据指标与体验指标。数据指标如 DAU、MAU、CTR、CVR 等，反映了产品的活跃度与转化效率；体验指标如用户满意度、任务完成率、使用时长等，则体现了用户对产品的满意度与黏性。通过构建数据漏斗模型，我们能精准定位产品使用过程中的关键折损点，为后续设计优化提供有力依据。

3. 设计探索

带着明确的目标与指标，我们进入设计探索阶段。此阶段，我们鼓励团队成员畅所欲言，提出各种创新的设计概念。同时，我们也会进行竞品分析，研究海外竞品的设计亮点与不足，以及多语言设计中的最佳实践。通过信息架构的梳理、多语言布局的规划以及技术难度的评估，我们逐步筛选出几个可行的设计方案。

4. 决策与审核

在决策与审核阶段，我们会组织多维度的评审会议，确保设计方案既符合用户体验的规范，又能满足业务与技术的需求。体验评估主要关注设计是否与 OS 保持一致、多语言适配情况及是否符合宗教习俗等；产研决策则关注收益预估、成本预估及优先级的排序；质量风控则负责把控设计质量，规避潜在风险。经过层层筛选与打磨，我们最终选出最具潜力的设计方案。

5. 验证与优化

最后一步是验证与优化。我们通过精细的 A/B 测试，将设计方案投入实际运营中，验证其实际效果。在实验过程中，我们密切关注数据指标的变化，及时调整优化策略。同时，我们也会收集用户反馈，了解用户对设计的真实感受与需求，为后续迭代提供有力支撑。

四、GetApps 实战案例：增长与体验的双重飞跃

以小米国际应用商店 GetApps 为例，我们展示了如何运用"设计策略"五步法，在全球化产品中实现增长与体验的双重提升。面对 Google Play 在海外安卓应用生态中的主导地位，我们选择了 Mini Card 作为突破口，通过优化下载路径、提升用户体验，实现了 CVR 的显著提升。

1. Minicard 为何物？

对于业务而言，Minicard 是日分发量的主要渠道，商店整体日分发量约 1200 万，Minicard 占比高达 80% 以上，同时也是收入的主要来源；对于开发者而言，它是 SDK 组件，为 Miads 及其他合作方提供快捷下载的能力；而在用户眼中，它只是应用详情弹窗的简化版，无须跳转到端内详情页，即可直接弹出弹窗进行下载。

正因 Minicard 相比跳转到详情页的路径更短，具有灵活性强、干扰性弱、路径短等优势，同时作为组件，其复用性强、开发周期短，因此综合条件带来了最大的优势——整体 CVR 高。

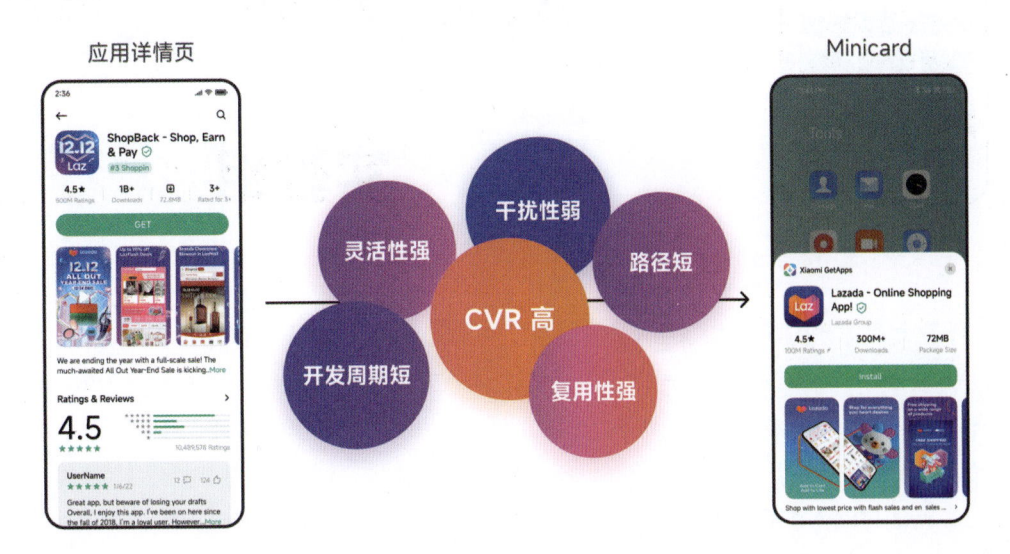

2. 设计策略五步法如何践行？

在需求分析阶段，我们围绕商业、业务和体验的目标，进行了上层拆解与下层递进。通过三角形直观展现了从微观到宏观的递进逻辑。

从下往上看，底部体验目标奠定坚实基础，以解决用户快速下载决策的痛点为设计出发

点；中间业务目标作为桥梁连接体验与商业，进而助力业务提升 CVR；顶端商业目标则引领企业发展方向，最终为广告主创造增量价值，实现业务突破。

在指标定义阶段，我们通过数据反馈定位到卡片在"展示到下载"和"激活"两步的折损率较高。预估展示到下载折损原因可能涉及品牌认知、决策信息、操作按钮、场景匹配等；激活折损原因则可能包括用户意愿、延迟习惯、激活提醒等。基于此，我们设定了具体的业务指标与体验指标，如整体 CVR 相对提升 20%、3 秒关闭率降低 20%。

在设计探索阶段，我们深入挖掘用户需求与痛点，通过竞品调研、场景拆分以及前期实验分析，确定了优化方向。我们设计了多种样式与交互方案，如大小卡样式、沉浸式样式、动效等，以期找到最佳设计方案。

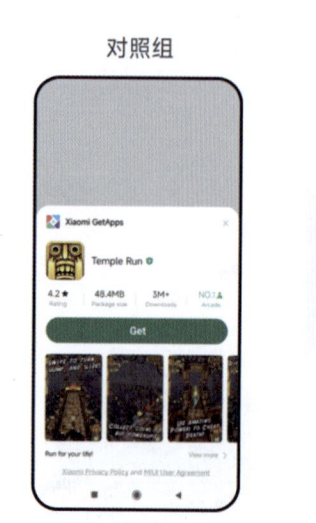

在决策与审核阶段，我们组织了多轮评审会议，从体验、产研、质量风控等多个维度对设计方案进行了全面评估。过程中可能会淘汰近半数的方案，如应用配图比例非主流、难以实现批量适配，或多语言文字空间不足影响阅读体验和信息传达等。最终，我们选出了几个高潜力的设计方案进行 A/B 测试。

在验证与优化阶段，我们通过精细的实验设计将设计方案投入实际运营。实验结果显示，桌面文件夹的头图样式、应用扫描页的简卡样式及按钮动效实验组均取得了显著正向效果。特别是简卡样式，因其信息精炼直观，显著提升了用户的下载决策效率。最终，我们实现了 CVR 提升近 30%、3 秒关闭率降低近 33% 的优异成绩，成为 2023 年的最大增量来源。

常规样式　　　　头图样式　　　　简卡样式

3. 挑战与经验：不断迭代，持续精进

当然，在全球化产品设计的道路上，我们也遇到了不少挑战。例如，沉浸式方案虽然在设计上极具创新性，但由于技术实现的难度以及用户习惯的差异，最终并未达到预期效果。这使我们深刻认识到，设计不仅要追求创新，更要接地气地考虑技术能力，同时也要符合用户的实际需求与习惯。

同时，我们也积累了一些宝贵经验。如组件的全局推广与持续优化，通过标准化提效与闭环管理，我们实现了设计的高效输出与协作，显著提升了产品的整体质量与用户体验。此外，我们还建立了增长组件库，通过灵活配置与批量提升数据，实现了以小搏大的效果。

4. 心得总结：志存高远，脚踏实地

回顾这段历程，我深切感受到全球化产品设计的复杂性与挑战性。但正是这些挑战，促使我们不断成长与进步。我们学会了如何在不同文化背景下寻找共性与个性，如何在增长与体验之间找到平衡点。我们坚信，只有志存高远，才能看到更广阔的天地；只有脚踏实地，才能走得更远更稳。

在未来的道路上，我们将继续秉持"增长为引擎，体验为基石"的理念，不断探索与创新，为全球用户带来更加卓越的产品与服务。希望我们的经验能为你提供些许启示与帮助，让我们在全球化产品设计的道路上携手并进！

孙威

11年互联网大厂经验，身经百战的体验设计师。7年海外产品设计领域，深耕细作的先锋实践者。现任小米国际互联网部设计中心 - 生态设计团队负责人，专注国际生态业务设计增长与创新。曾就职于百度、新浪等企业，自 2017 年加入小米，致力于海外互联网产品的设计与实践，深耕社区、金融、应用生态等业务线。曾主导并核心参与多个从 0 到 1 项目的设计体系构建，善于运用体系化设计思维，打造卓越产品体验，推动商业目标持续增长。

24 构筑AI赋能的数实融合体验设计，塑造未来零售

◎ 黄蓉

随着数字化转型的加速推进，积极响应国家经济结构调整的推动，传统零售业正面临重大变革。作为阿里新零售百货的一员，银泰百货专注于数字场与实体场的融合，旨在提升消费者与货品的匹配度，以满足日益个性化的购物需求。

一、打破范式，回归本质的研究意识

在AI技术迅猛发展的背景下，互联网经济增长放缓，货品的丰富与多元化为消费决策带来了新的变化。消费者在决策时日益倾向于理性与感性的结合，愿意为情绪价值买单，使得消费体验显得尤为重要。这一趋势推动了"人货匹配"与"场"的深度融合，成为成功零售体验的关键。

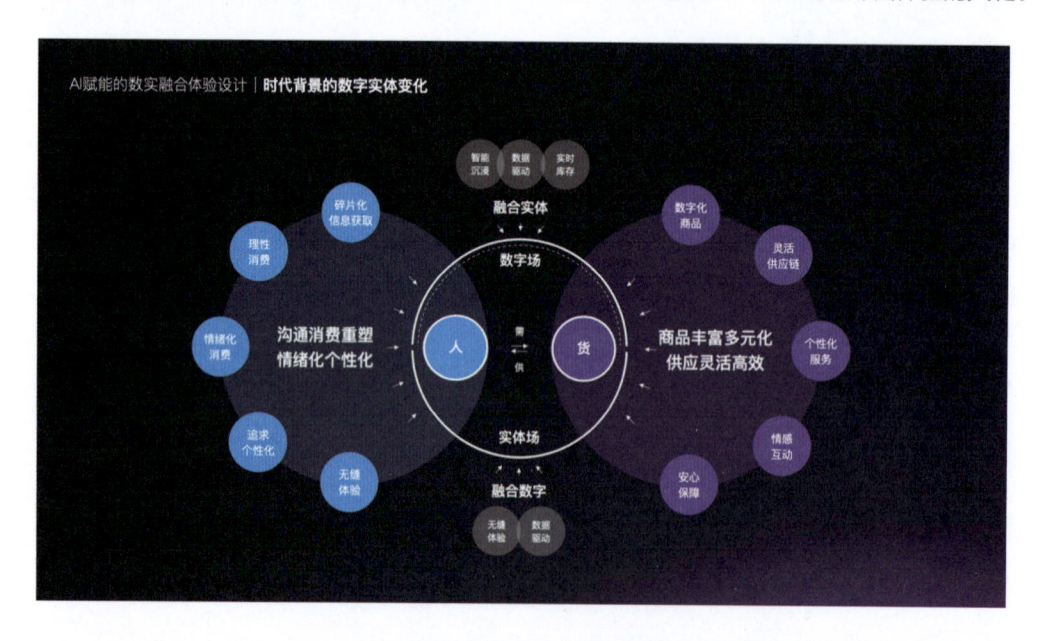

与此同时，以"低成本高收益"为目标，设计师在职场中面临不断提升的要求。这些要求不仅提升了设计师的工作压力，也促使他们须具备更广泛的跨界系统化思考能力及更深入的专业技能，以增强在激烈竞争中的优势。如此背景强调了构建系统化设计方法论的重要性，不仅能推动个性化体验和生产效率，更为未来带来无限可能性。这一过程既是对设计师能力的挑战，也是推动整个行业进步的重要驱动力。

为了适应不断变化的环境，设计师必须深入理解设计的本质。从早期的手工艺到工业革命，再到包豪斯及后续艺术风格的发展，这一路径展示了设计标准的不断完善，其核心在于对感知性与功能性的深刻理解，以及对自然的不断研究与创新。

在这一背景下，AI 技术的底层逻辑依赖于数据元的研究，通过逻辑关联自动生成解决方案。因此，我们需要重新回归研究本身，深入探索和理解设计与用户需求之间的关系，以确保设计不仅是形式的创造，更是对实际需求的有效回应。

总之，打破传统范式，回归本质的研究意识不仅是对过去设计理念的一次审视，更是推动当代设计实践与理论革新的重要起点。在这个充满挑战与机遇的新时代，设计师的成功将依赖于对这些核心理念的深刻把握与灵活应用。

二、AI 数实体验设计的方法和实践

在以往的实践中，体验设计的基本思路主要基于双钻设计模型。然而，设计能力的差异常常导致一系列问题，包括思维维度、研究深度及总结能力等方面的不同。这些因素使我们陷入了解决表面问题的困境，久而久之，对设计专业产生了迷茫。

为了解决这一现状，我们必须释放精力，简化烦琐的工作，同时提升专业能力，更加注重研究的方法与方式。

1. 简化复杂工作

在银泰，工作主要可分为两类：基础迭代占据约 72% 的比例，而创新性工作占比约 28%。造成这一现象的原因，在于多角色并行的重复设计和多角色设计定义。从本质来看，这其实是设计系统资产的应用、选择与校验。认知、探究、创新和沉淀在这一过程中尤为重要。因此，构建高效的设计系统显得尤为关键。在我们的设计研究中，需要细化对功能与感知项的研究、定义与验证。

通过简化设计流程，我们能够降低团队的负担，确保资源的有效利用，让设计师们可以在此基础上集中更高的注意力与创造力，从而推动创新。

2. 强化研究方式与方法

基于双钻设计模型的基本理念，我提出了一种针对百货数实融合场景的新型体验设计流程——"透析－映射－融合突破－审视"。这一流程更加注重研究与资产的沉淀，从而提升设计质量。

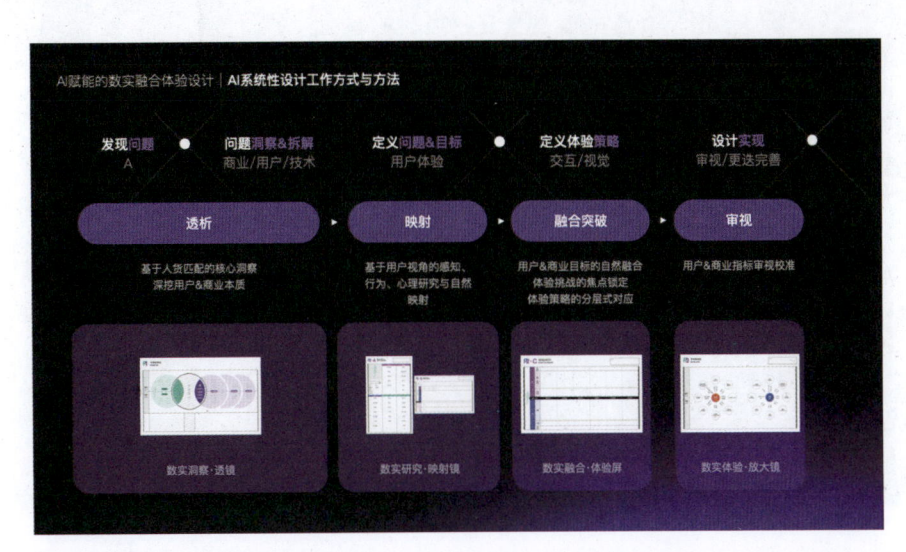

1）透析：数实体验洞察透镜

基于人货匹配的核心洞察方法，我们可以将中间部分视作一面透镜，两侧分别代表人和货。在透镜的显示区域内，我们能够清晰获取业务的具体需求。然而，透镜之外，我们需要逐步定义实现目标及其对应策略。明确业务目标后，我们便能识别消费者的真实需求，以及消费者与货品之间的匹配差距。随着我们对人和货的理解不断加深，人货匹配度也会随之提高。

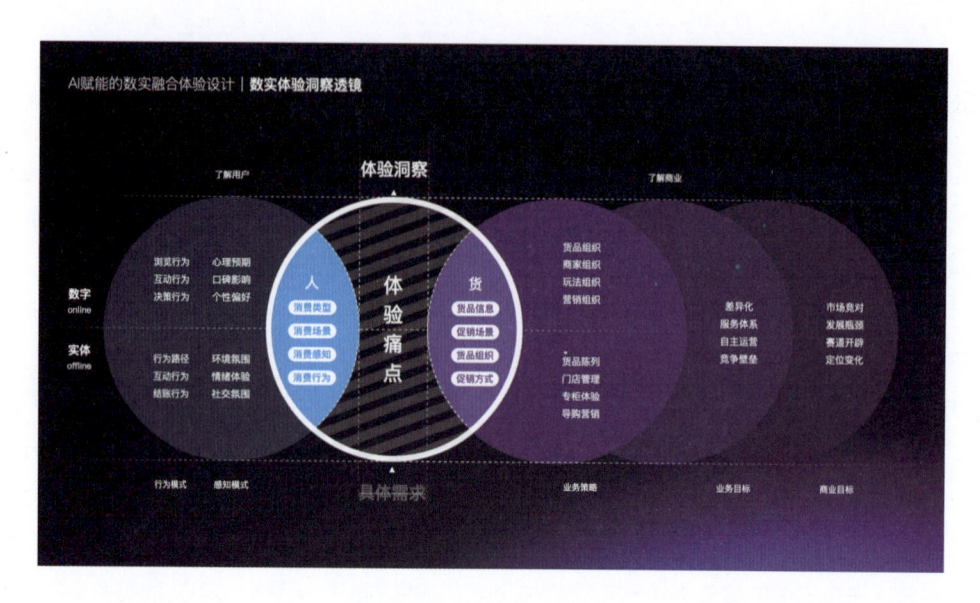

"数实体验洞察透镜"为我们明确了业务目标，拓宽了设计洞察的思考维度，并明确了研究方向。以蜜享盒为例，这是一款专为美妆场景设计的商品，包含品牌回购券和小样。消费者在喵街 App 上以 99 元购买 Lancôme 蜜享盒后，可获得小样和 99 元的正装优惠券，若试用满意，还可用回购券购买正装，实质上小样免费。这种设计增强了消费者的参与感，提升了购物体验。

通过"数实体验洞察透镜",我们明确了"人"与"货"的研究范围及匹配方向,逐步扩大设计影响,不再局限于样式。当目标提升时,设计空间和创新潜力也增大,此思维方式促进了设计多样性和创新视角的拓展。

2)映射:数实体验研究映射镜

在透析阶段,我们通过"数实体验洞察透镜"明确了"人""货"及"人货匹配方式"的研究范围。在映射阶段,重点转向更深入的研究,主要包括以下两个方面。

(1)心智模式研究:形成更细化的用户画像。

(2)感知行为模式研究:深入分析用户在场景中的感知与行为。

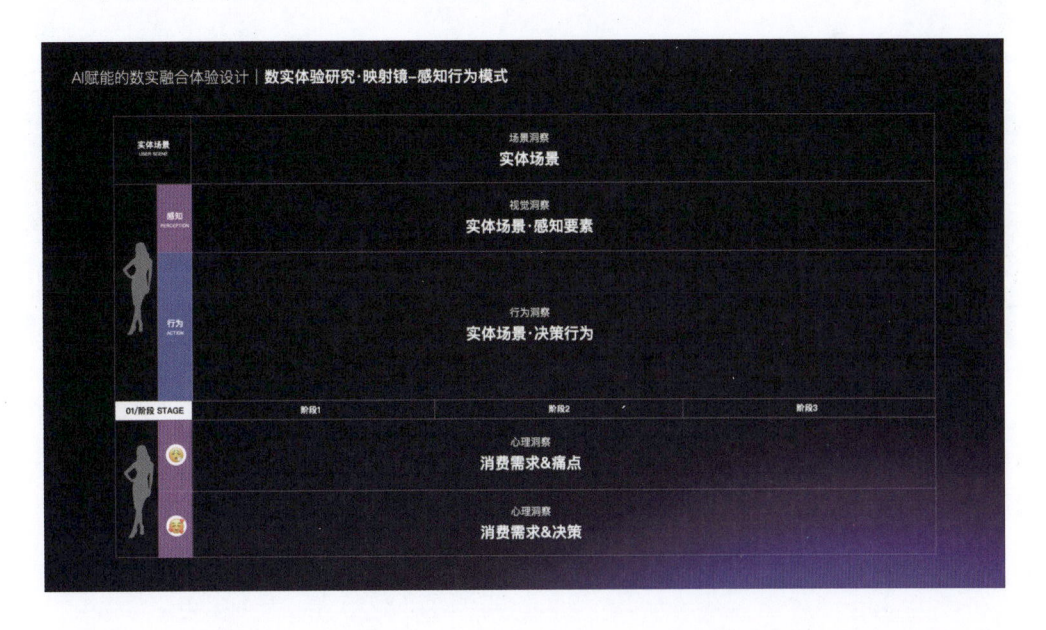

通过多维映射手段,如"观察"与"访谈交流",我们能够定性地记录用户的基本认知、感知和行为。这些数据有助于更全面地理解用户体验,从而揭示用户在认识、认知和认同决

策阶段的关键要素，例如：

- 用户画像：涵盖消费情景、消费动机、信息获取、消费心理和消费行为。
- 用户场景感知行为：包括感知要素、行为方式、反馈与期望。

以"蜜享盒"为例，通过访谈我们描绘了具体的消费者画像：

- 消费情景：偏好周末购、社交活动，线上线下皆参与。
- 消费动机：关注自我提升、实用性、社交展示、试用优先和优惠驱动。
- 信息获取：高频浏览内容、信任 KOL、主动搜索，喜欢图文内容并参与互动。
- 心理特征：品牌忠诚、价格敏感、接受试用，具有理性分析能力。
- 消费习惯：中频购物、中高消费，偏爱护肤和彩妆，依赖试用决策并习惯在线支付。

通过调研"先试后购"美妆护肤达人用户群在实体百货美妆消费场景中的用户场景感知行为，我们发现了以下关键痛点：

- 空间维度：用户在导航和信息获取（如商品和优惠）方面效率低下，期望在舒适环境中享受良好试用体验。
- 时间维度：高等候成本令用户焦虑，期待灵活的优惠结算和快速高效的服务提货体验。

因此，我们的体验设计目标是：提升信息认知效率，增强试用体验的便捷性。

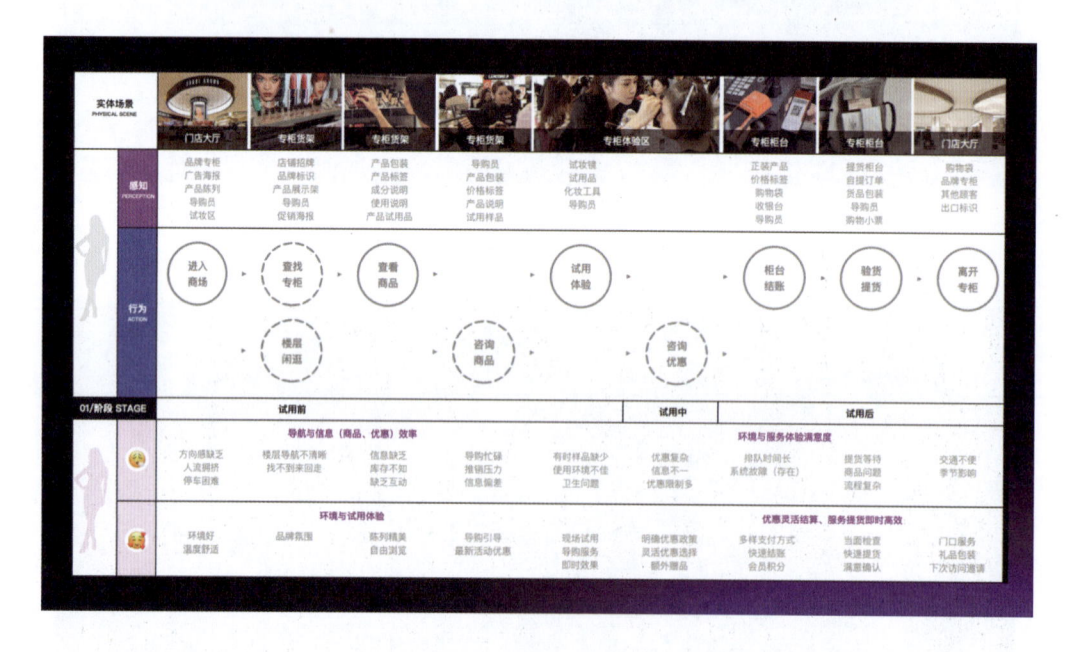

再举个例子，关于用户在线下场景精准定位商品。通过数实体验透镜，我们明确了研究范围，包括用户群（倾向于实体百货消费的人群）、货品（具有空间陈列特性的商品）及人货匹配（涵盖感知、行为与心智）。在这一范围内，我们再观察记录消费者的痛点与期望。

例如，在实体百货的逛柜场景中，用户常面临导购服务不足、导航困难和商品选择复杂等问题。基于这些洞察，我们的设计目标是提升导购服务能力、导视认知效率和货品检索效率。

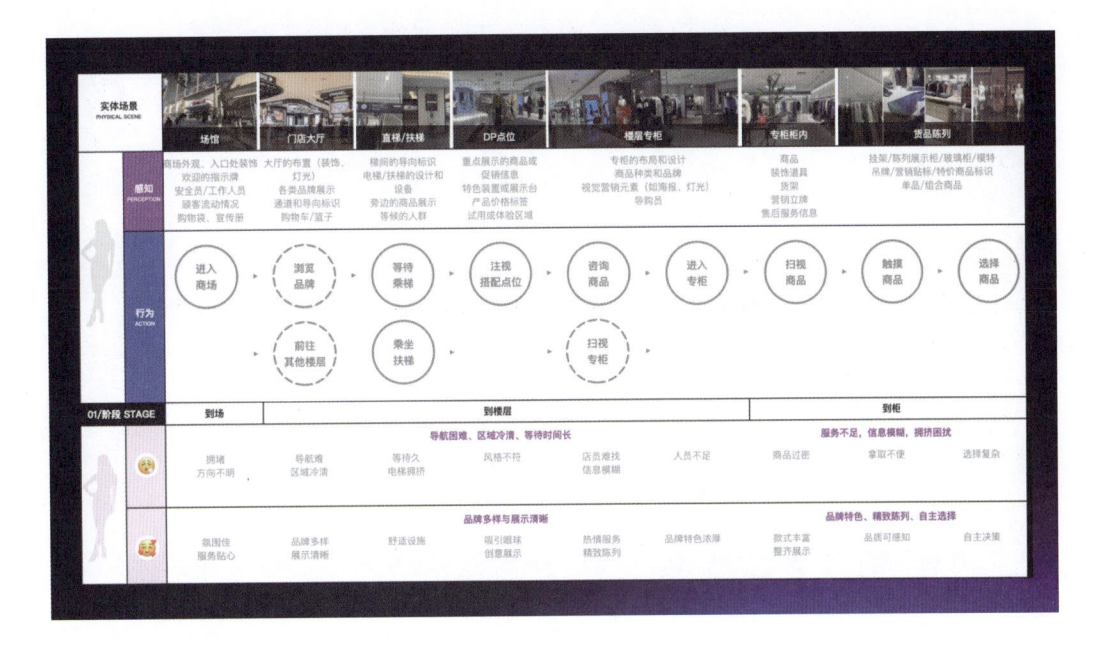

通过"数实体验研究映射镜",我们深入探索用户的心智模式,认识用户,从而制定精准的策略和方案,为提升用户满意度和品牌黏性提供科学依据。

3)融合突破:数实融合体验屏

在数实融合阶段,核心在于结合数字与实体的优势,帮助消费者在不同消费方式间自如切换。关键工具是"数实融合体验屏",它帮助我们识别出感知、行为的设计挑战点,使我们能够专注于通过设计手段实现体验目标。

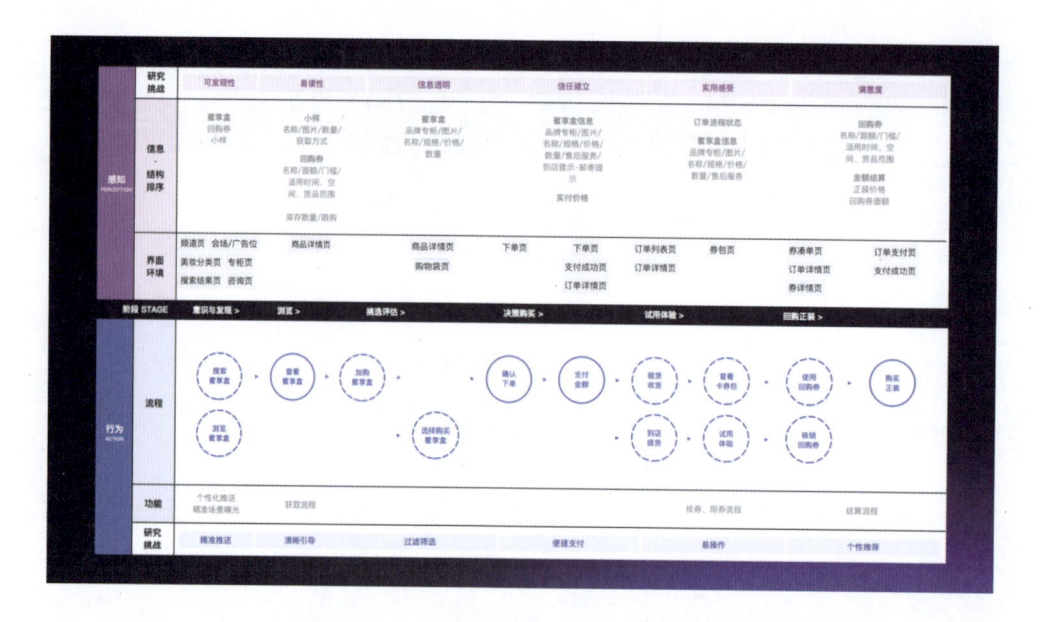

以"蜜享盒"为例，设计的发挥空间不仅限于商品图片的呈现，它可以涵盖一个完整的场景和体验链路。设计所解决的，不仅是美观性问题，更在于是否能有效引导用户建立价值认知，形成匹配关系。设计的目标不仅是单一场景的优化，而是提升消费者在发现→识别→认知→信任→购买→体验→复购的整个流程。

最终我们得以完善，形成完整的设计解决方案。而这种解决方案不仅可用于蜜享盒，它可以融入数实体验中的每一个环节。

4）审视：数实体验放大镜

在审视环节，我们在完整体验设计方案的基础上，围绕感知和功能性目标延伸出项目的体验衡量指标。这些指标通过多种检验方式进行验证，以确保以商业目标和用户为中心的体验设计目标真正达成。

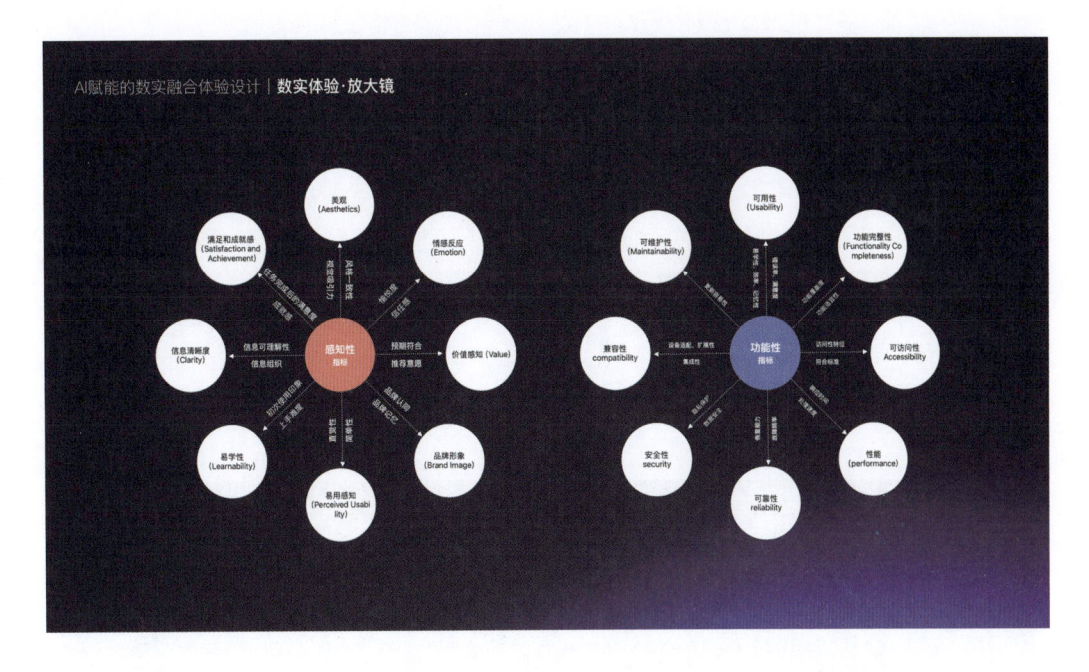

通过 AMIR 四步法（透析 – 映射 – 融合突破 – 审视），我们横向拓宽了设计边界，纵向锁定了设计的深度。这使我们不再局限于表面表现，设计影响的空间和创新潜力也随之增大，使得设计服务能力的未来更加清晰、明亮。

三、零售消费体验 AI 化的未来

之前我们提到过，在 AI 时代，系统化的构建尤为重要。"AMIR 四步法"不仅仅是一套工具，为我们提供了解决问题能力的画布，更是构建沉淀和未来实现个性化 AI 系统检索库的基础，代表了一个不断细化和逻辑关联的决策过程。

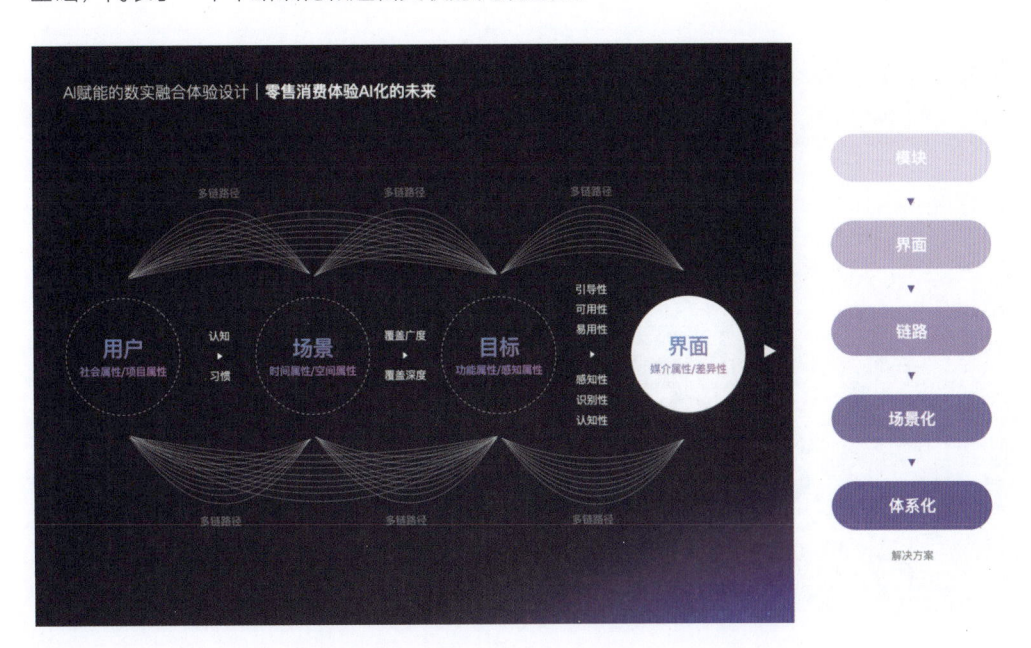

它所能构建的是银泰百货及所有数实百货体验的用户模式系统。这一系统能够快速帮助我们了解用户及其感知和行为模式，为我们提供更高效、更灵活的设计解决方案。通过对用户模式的深入分析，我们可以更精准地满足用户需求，从而提升整体体验和满意度。

此外，它也帮助我们建立体系化的设计标准，形成完整、一致且具备行业特性的设计语言。这种设计语言不仅能增强品牌识别度，还能确保在不同场景和触点上的用户体验一致性，从而提升整体的用户满意度和忠诚度。

同时，"AMIR 四步法"在应用上也可以覆盖更多的场景，不仅仅只是百货零售行业，我也把这个方法应用在教育院校和其他传统场景下。

（1）阿里巴巴 AI 商业实战培训：教育院校授课 + 阿里游学 AI 课程、体验设计专业授课。

（2）传统企业：紫金矿业集团。

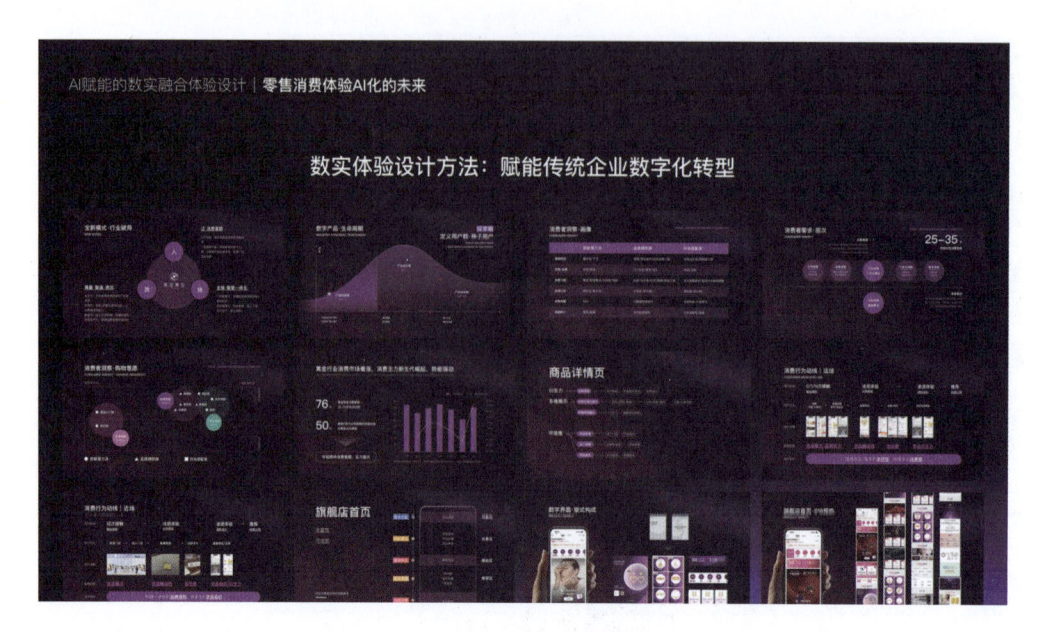

在 AI 时代，对于设计师而言，未来的发展必须充分利用 AI 的优势，专注于专业体系化建设。通过这一过程，我们不仅能锁定自身的优势，还能拓宽能力边界，从而应对复杂的设计挑战，提升创新能力和市场竞争力。

黄蓉

　　毕业于中国美术学院，阿里巴巴·银泰百货 C 端体验设计负责人，资深用户体验设计师，引领银泰百货行业的设计增长与创新。拥有 7 年体验设计经验，2 年品牌设计经验，曾服务于四大电商平台及品牌，其中涵盖汽车金融、百货零售、互联网电商等行业。自加入银泰百货新零售行业以来，专注于首个百货电商设计体系从 0 到 1 的底层构建，结合体验设计思维不断打磨、创新以应对数实融合的复杂挑战，致力于打造出百货零售业标杆性的用户体验。设计理念：Long Life Design（即"长效设计"）。